かんたん！
スマートフォン
＋FlashAir™で楽しむ
IoT電子工作

小松 博史 [著]

Ohmsha

本書に掲載されている会社名・製品名は、一般に各社の登録商標または商標です。
FlashAir は、株式会社東芝の商標です。
Android は Google Inc. の商標です。Android ロボットは、Google が作成および提供している作品から複製または変更したものであり、Creative Commons 3.0 Attribution ライセンスに記載された条件に従って使用しています。

本書を発行するにあたって、内容に誤りのないようできる限りの注意を払いましたが、本書の内容を適用した結果生じたこと、また、適用できなかった結果について、著者、出版社とも一切の責任を負いませんのでご了承ください。

本書は、「著作権法」によって、著作権等の権利が保護されている著作物です。本書の複製権・翻訳権・上映権・譲渡権・公衆送信権（送信可能化権を含む）は著作権者が保有しています。本書の全部または一部につき、無断で転載、複写複製、電子的装置への入力等をされると、著作権等の権利侵害となる場合があります。また、代行業者等の第三者によるスキャンやデジタル化は、たとえ個人や家庭内での利用であっても著作権法上認められておりませんので、ご注意ください。

本書の無断複写は、著作権法上の制限事項を除き、禁じられています。本書の複写複製を希望される場合は、そのつど事前に下記へ連絡して許諾を得てください。

(社)出版者著作権管理機構
(電話 03-3513-6969, FAX 03-3513-6979, e-mail: info@jcopy.or.jp)

JCOPY ＜(社)出版者著作権管理機構 委託出版物＞

はじめに

　本書は、現代人の必需品であるスマートフォンを利用した電子工作をはじめるための入門書です。スマートフォンとUSB機器の接続から無線機能を搭載したSDカード（東芝FlashAir™）との通信、無線機器からTwitterを利用するまでを解説します。

　IoT（Internet of Things）、IoE（Internet of Everything）といわれる時代になり、さまざまなモノがインターネットに接続できるようになりました。電子工作の舞台も、いままでの机上ではなく、インターネットを通じたものに変わりつつあります。

　ですが、いざセンサーで取得した情報をインターネット上に保存したり、インターネットを通じて電子機器を制御しようとすると、さまざまなモノを組み合わせて作る必要があり、「何と何をどうつなげばよいのだろう？」とわからないことも多いと思います。

　そこで、少しでも多くの人にインターネットを活用した電子工作を楽しんでいただき、インターネット上にデータを登録したり、インターネット上から制御できる素晴らしさを体感していただきたいと思い、本書を執筆いたしました。

　プログラミングや電子工作は本を読むだけではなかなか理解するのが難しいです。ですが、わからないながらもやってみると少しずつ理解できてきます。特に初心者の方には「習うより慣れよ」が大切かなということを実感しています。

　本書では、私のその教訓を生かし、やってみよう、というスタンスで執筆しています。

　読者の皆さまには、工作の構想を練っているときの「わくわく感」、完成したときの「達成感」、運用しているときの「誇らしさ」を感じていただければと思っております。

　本書の執筆にあたり、サポートしてくださったオーム社の皆さま、イラスト担当の七恵さん、本当にありがとうございました。

2017年2月

小松　博史

目次

はじめに iii
インターネットと電子工作？ vii

PART1 スマートフォンと USB ではじめる かんたん電子制御

Try 1 アプリ開発の準備 2
[1] Android 端末を準備しよう！ 2
[2] 開発用ソフトをインストールしよう！ 4
[3] スマートフォンの動作確認をしよう！ 9

Try 2 USB-IO2.0 で電子制御 15
[4] 動作を確認してみよう！ 15
[5] LED を点灯させてみよう！ 21
[6] 100V 電源を制御してみよう！ 35

Try 3 USB-FSIO30 でアナログ入力と PWM と I2C 50
[7] 電圧計測してみよう！ 50
[8] PWM で調光やサーボ制御してみよう！ 61
[9] 仕様を確認してみよう！ 72
[10] センサーを使ってみよう！ 82

PART2 FlashAir でかんたん！ ワイヤレス電子制御

Try 4 FlashAir の準備 106
[11] FlashAir を初期化してみよう！ 106
[12] 無線の動作確認をしてみよう！ 115
[13] Lua スクリプトを使ってみよう！ 119
[14] ステーションモードで開発してみよう！ 128

Try 5 FlashAir DIP IO ボードで電子制御 139
[15] 無線で LED を点灯してみよう！ 139
[16] 温湿度センサーを使ってみよう！ 145
[17] 液晶に表示してみよう！ 153
[18] スイッチ監視してみよう！ 158

PART3 Twitter を使って IoT 電子工作にチャレンジ！

Try 6 Twitter の準備 174
[19] アカウントを作成してみよう！ 174
[20] Twitter4J を導入してみよう！ 179
[21] アプリからつぶやいてみよう！ 182
[22] ペットの見守り装置を作ってみよう！ 189
[23] スマホでセンサー値を取得してみよう！ 193
[24] つぶやきを受信して制御してみよう！ 214

おわりに 227

Appendix

Appendix I USB-IO Family ライブラリリファレンス 230

Appendix II DIP IO Lua ライブラリリファレンス 235

Appendix III Lua 5.2.1 基本ライブラリ 238

索引 250

本書に登場するリスト一覧

リスト 5-1	UsbIoOutput の MainActivity.java	27
リスト 6-1	UsbIo100V の MainActivity.java	41
リスト 7-1	UsbFsioAD の MainActivity.java	57
リスト 8-1	UsbFsioPWM の MainActivity.java	68
リスト 9-1	AndroidManifest.xml の例	80
リスト 9-2	device_filter.xml	81
リスト 10-1	UsbFsioSensor の MainActivity.java	90
リスト 13-1	Hello.lua	121
リスト 14-1	CONFIG	131
リスト 14-2	CONFIG	135
リスト 15-1	led.lua	142
リスト 16-1	temp.lua	147
リスト 17-1	lcd.lua	155
リスト 18-1	CONFIG	162
リスト 18-2	switch.lua	166
リスト 21-1	TestTwitter4J の MainActivity.java	184
リスト 23-1	pet.lua	196
リスト 23-2	Pet1 の MainActivity.java	204
リスト 24-1	Pet4 の MainActivity.java	218

本書に掲載している各社の商品や部品、URL 等のデータは、2016 年 10 月時点のものです。その後の状況により、仕様や価格等は変更される場合があります。

インターネットと電子工作？

こんにちは、僕はペンギン大好きのたっくん。よろしくね！ そして、こちらが理科の先生、ブタさん大好きのブー先生。そのとなりがハムスター大好きのみきちゃんです。

こんにちは。私もたっくんと一緒に電子工作に挑戦します♪ ところでブー先生！ 最近、「モノのインターネット」や「IoT」ってことばが注目されているよね？ このモノって何なの？

モノのインターネットは、手のひらより小さいコンピューターをいろいろなモノに組み込んで、インターネットを通じてコンピューターどうしお互いに通信、コントロールすることをいうんだ。だから、ここでいうモノは家電とかの電子機器、スマートフォンなどあらゆるモノを指しているよ。IoT は Internet of Things の略だね。

いままでもインターネットやコンピューターはあったのに、どうしていま話題になっているの？

インターネットも情報を分析することも、いままでの技術なんだけど、インターネットが速く、安くなって、どこでも接続できるようになってきたことと、ソーシャル・ネットワーキング・サービス（SNS）などの人どうしがつながるサービスが増えてきて大きなデータを扱う環境が整ってきたことによるんだ。ビッグデータって聞いたことあるよね。

モノとインターネットがつながったら、どんなふうに便利になるのかな？

たとえば身近なところでは、家電製品をインターネットにつないでスマートフォンから操作することができたり、ペットの様子を外出先で見たりできるね。これまでは大きな費用をかけなければできなかったことが手軽にできるようになったんだ。そういえばワイヤレス通信ができる SD カード（東芝 FlashAir など）なんてモノも出てきたから、電子工作で作った作品をかんたんにインターネットにつなぐこともできるよ。

なんだか将来、人がいなくても機械がいろんなことをやってくれる時代になりそうね。

勉強も代わりにやってくれる時代が来たらいいね！

そんな時代は来ないと思うよ。たっくん。

よーし、何だかやる気がでてきたよ。ブー先生、みきちゃん、IoT をやってみようよ！ スマートフォンを使って IoT 電子工作だ！

スマートフォンを使って電子工作するには、スイッチの ON/OFF やセンサーからの値を取得するためのデバイスが必要になるんだ。まずはスマートフォンとの USB 接続で、入出力の制御がかんたんにできる USB-IO を使ってみよう。

本書の工作で使用する道具一覧

工具・道具	用途	ポイント
ニッパー	配線を切るために使用	小型のものが使いやすい
ラジオペンチ	部品の足を曲げたりなど用途はいろいろ	小型のものが使いやすい
カッター	配線の被覆をむく。プリントパターンのカット	普段使っている小型カッターでOK
はんだ	電子部品を基盤にくっつける金属	太さが1mm 程度の電子工作用がおすすめ
はんだごて	はんだを溶かして基盤にくっつける工具	30W 程度の電子工作用がおすすめ
はんだごて台	はんだごてを置いたり、こて先に付いたはんだを拭き取る台	軽い台だと、安定しないので、どっしりしたタイプがおすすめ
テスター	電圧や抵抗を計る	デジタル式のほうが使いやすいが、最初は安価なアナログ式のものでも大丈夫
ブレッドボード	部品を配置するためのボード	大きいと部品が乗せやすく使いやすい
ジャンパーコード	ブレッドボード上の部品の配線をするためのコード	オス・メスがあると延長したり直接部品の足に接続できるので少しあると便利

本書の工作で使用する部品一覧

項目	パーツ	数量	参考価格
全体	USB-IO2.0 (AKI)	1個	1,000円
	USB (microB to A) 変換アダプター	1個	500円
	USBケーブルA オスーミニB オス　1.5m　A − miniB	1本	110円
	USB-FSIO30	1個	3,050円
	USB-FSIO30用細ピンヘッダ	1本	35円
	FlashAir 16GB (第3世代)	1個	3,190円
	FlashAir DIP IOボードキット	1個	980円
	ブレッドボード用ミニBメスUSBコネクターDIP化キット	1個	200円
[5] LEDを点灯させてみよう！	青色LED	1パック	50円
	カーボン抵抗 1/4W　100Ω	1パック	100円
[6] 100V電源を制御してみよう！	ソリッド・ステート・リレー (SSR) キット 25A (20A) タイプ	1個	250円
	管ヒューズ　1.5A	1個	30円
	ヒューズホルダー	1個	100円
	電源コード	1個	100円
[7] 電圧計測してみよう！	半固定ボリューム　10kΩ	1個	50円
	電池ボックス　リード線あり	1個	50円
[8] PWMで調光やサーボ制御してみよう！	青色LED	1パック	50円
	カーボン抵抗 1/4W　100Ω	1パック	100円
	マイクロサーボ 9g　SG-90	1個	400円
[10] センサーを使ってみよう！	HDC1000使用　温湿度センサーモジュール	1個	680円
	温湿度センサーモジュール　AM2320	1個	600円
	高精度IC温度センサー　LM35DZ	1個	120円
	I2C接続小型LCDモジュール (8×2行) ピッチ変換キット	1個	600円
	カーボン抵抗 1/4W 10kΩ	1パック	100円
[15] 無線でLEDを点灯してみよう！	青色LED	2パック(4本)	100円
[16] 温湿度センサーを使ってみよう！	HDC1000使用　温湿度センサーモジュール	1個	680円
	温湿度センサーモジュール　AM2320	1個	600円
[17] 液晶に表示してみよう！	I2C接続小型LCDモジュール (8×2行) ピッチ変換キット	1個	600円

項目	パーツ	数量	参考価格
[18] スイッチ監視してみよう!	タクトスイッチ	1個	10円
	カーボン抵抗 1/4W　10kΩ	1パック	100円
	青色 LED	1パック	50円
[22]～[24] ペットの見守り装置を作ってみよう!	ソリッド・ステート・リレー (SSR) キット 25A (20A) タイプ	1個	250円
	温湿度センサーモジュール　AM2320	1個	600円
	カーボン抵抗 1/4W　10kΩ	1パック	100円
	青色 LED	1パック	50円
	焦電型赤外線 (人感) センサーモジュール	1個	500円
	HDC1000使用　温湿度センサーモジュール	1個	680円
	I2C接続小型LCDモジュール(8×2行)ピッチ変換キット	1個	600円

ほとんどの部品は秋月電子通商から買えるぞ。価格は2016年10月時点の価格だ。

http://akizukidenshi.com/catalog/

PART 1

スマートフォンとUSBではじめる かんたん電子制御

Try 1 アプリ開発の準備　　2
[1] Android 端末を準備しよう！ 2
[2] 開発用ソフトをインストールしよう！ 4
[3] スマートフォンの動作確認をしよう！ 9

Try 2 USB-IO2.0 で電子制御　　15
[4] 動作を確認してみよう！ 15
[5] LED を点灯させてみよう！ 21
[6] 100V 電源を制御してみよう！ 35

Try 3 USB-FSIO30 でアナログ入力と PWM と I2C　　50
[7] 電圧計測してみよう！ 50
[8] PWM で調光やサーボ制御してみよう！ 61
[9] 仕様を確認してみよう！ 72
[10] センサーを使ってみよう！ 82

アプリ開発の準備

［1］Android 端末を準備しよう！

IoT に挑戦するたっくんと、みきちゃん。
まずは Android 端末を準備します。

● Android 端末の準備

 ブー先生、スマートフォンってどんなものがあるの？

 大きく分けて 2 種類、iPhone と Android 端末があるんだ。Android 端末の場合 USB ポートをもっているから、外部機器とも相性がいいんだ。

 このあいだ機種変更してから使っていない Android 端末が家にあるんだけど使えるの？

 Android 端末に USB Host 機能が搭載されたのがバージョン 3.1 だから、これより新しいバージョンのものだったら使えるよ。

 ブー先生、タブレットでも大丈夫なの？

 もちろん大丈夫だ。タブレットとスマートフォンの機能の違いは、基本的には電話機能があるかないかだけだからね。

 ブー先生、今回はスマートフォンに USB 接続して電子工作するんだよね？特別なケーブルが必要だと聞いたことがあるんだけど。

 そう、よく知っているね。USB 端子には親子関係があって、A がホスト（親）、B がクライアント（子）になっているんだ。Android 端末の USB 端子には B 端子が付いているけれども B 端子から A 端子に変換するアダプターを付ける

とホスト機能が使えるようになるんだ。

図　USB-HOST 変換アダプター

でも、私のスマートフォンは USB で充電するわ。充電はどうなるの？

いいところに気が付いたね。USB 接続している間は充電ができなくなるから、充電用ポートを別にもった端末がおすすめだよ。それ以外の端末では充電、または給電端子付きの変換アダプターを利用するといいよ。

Try 1 アプリ開発の準備

［2］開発用ソフトをインストールしよう！

Android端末を準備できたたっくんと
みきちゃん。今度はアプリケーションの
開発用ソフトAndroid Studioを
パソコンにインストールします。

● Javaのインストール

ブー先生、Androidって、どうやってプログラムを作るの？

AndroidはJavaというプログラミング言語を使って開発するんだ。では
Javaの開発用キットであるJDK 8をインストールしてみよう。ブラウザーか
ら、このアドレスにいってみてJavaのダウンロードボタンをクリックしよう。

　　http://www.oracle.com/technetwork/java/javase/downloads/
　　index.html

最新のものをダウンロードしよう。今回、ダウンロードするファイルは、い
ま使っているパソコンがWindows 10の64ビット版だからjdk-8u92-
windows-x64.exeになるよ。システム要件はWindows 7/8/10（32/
64bit）、メモリ8GB以上、空きディスク容量4GB以上が推奨だ。

ダウンロードしたら実行して、デフォルトの値でインストールするといいぞ。

● Android Studio のインストール

次は Android Studio をインストールしよう。現在（2016 年 8 月）の最新版は 2.1.2 だ。

https://developer.android.com/studio/index.html

ブー先生、バージョンが上がると使い方が変わって困ることが多いんだけど、過去のバージョンもダウンロードできるの？

次の Web サイトに用意されているから、この書籍と同じバージョンをインストールしたい人はここから 2.1.2 をダウンロードするといい。

http://tools.android.com/download/studio/stable

ダウンロードしたらデフォルトの値でインストールしよう。インストールが終わったら、Android SDK の確認だ。Android Studio を起動して、SetupWizard をデフォルトで終了した後、Configure から SDK Manager を起動しよう。

すべてのバージョンをインストールすると、たくさん容量が必要になるから必要なものだけインストールするといいよ。今回は Android 6.0 API 23 を使うから、これをインストールしておこう。

でも、私のスマートフォンは Android のバージョンが 4.0.3 になっているけど大丈夫なの？

Androidの開発時に、ターゲットにする最小SDKを指定するんだ。だからバージョンの低いスマートフォンでも動くようにコンパイルできるよ。先生がインストールしているSDKは次の図の通りだ。

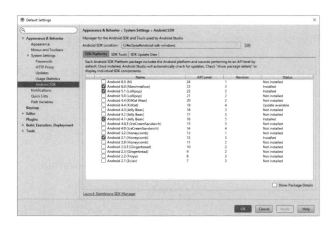

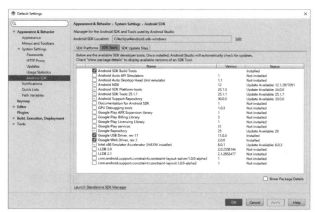

> **注意** ビルドツールはデフォルトの場合、下位互換のない最新のツールが入ることがあるため、コンパイル時にエラーが出ることがあります。対象のビルドツールをインストールするようにしてください。画面下部のLaunch Standalone SDK Managerをクリックし、Android SDK Managerを起動後、Tools以下にあるAndroid SDK Build-toolsのうち、Rev.が「24」のものをインストールしてください。

● platform-tools へのパス設定

インストールが終わったらパスの設定だ。コマンドプロンプトから adb コマンドが利用できるように設定するんだ。画面左下のスタートボタンから**設定＞システム＞バージョン情報＞システム情報**で「システム」を開いて、「システムの詳細設定」から「システムのプロパティ」を表示し、「詳細設定」タブの「環境変数」ボタンを押して「環境変数」を開こう。

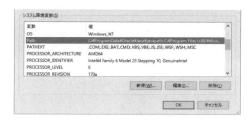

システム環境変数の Path を選択して「編集」ボタンをクリック。「環境変数名の編集」が表示されるから、「新規」ボタンで platform-tools へのパスを追加しよう。デフォルトでインストールすると **C:¥Users¥[ユーザー名]¥AppData¥Local¥Android¥sdk¥platform-tools** にインストールされているから、これを入力して「OK」を 3 回押して、システムのプロパティを保存。

次に設定が正しいか確認するためアクセサリからコマンドプロンプトを表示して、"adb" と入力して Enter キーを押してみよう。「Android Debug Bridge…」とバージョンやコマンドオプションが表示されれば設定完了だ。

![コマンドプロンプトの実行結果]

もしも「'adb' は、内部コマンドまたは外部コマンド、操作可能なプログラムまたはバッチ ファイルとして認識されていません。」とエラーが表示された場合は、platform-tools の場所が間違っているから、コマンドプロンプトを終了して、環境変数の Path を設定し直そう。

● 開発用ドライバのインストール

次は開発用ドライバ（ADB ドライバ）のインストールになるけれど、メーカーや機種によってドライバが異なるから、自分の機種にあったドライバをインストールしよう！

参照　各メーカーの ADB ドライバ

- Xperia：Xperia Companion
  http://www.sonymobile.co.jp/support/software/xperia-companion/
- Fujitsu：ADB 用 USB ドライバ
  http://spf.fmworld.net/fujitsu/c/develop/sp/android/
- AQUOS：SHARP 共通 ADB USB ドライバ
  http://k-tai.sharp.co.jp/support/developers/driver/
- Galaxy：KIES とテザリング機能の USB DRIVER
  http://www.samsung.com/jp/support/usefulsoftware/KIES/
- HTC：HTC Sync Manager
  http://www.htc.com/jp/software/htc-sync-manager/

※各 URL は変更になる場合があります

Try 1 アプリ開発の準備

[3] スマートフォンの動作確認をしよう！

Java と Android Studio を
インストールしたたっくんとみきちゃん。
今度は Android アプリケーションを
作成できるか確認します。

ちゃんと組み立ててね

● プロジェクトを作成して動作確認

それでは、インストールができたか確認してみよう。Android Studio の最初の画面から「Start a new Android Studio project」をクリック。

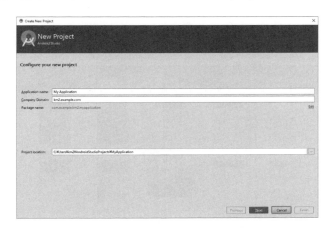

Application name にはプログラムの名前を入力しよう。次の Company domain には会社のドメインを入れて、世界に1つだけのパッケージネームにするんだ。もしドメインがなければ、作ってみたいホームページのアドレスを設定しておこう。最後の Project location でファイルを置く場所を指定して、「Next」ボタンで次へいこう。

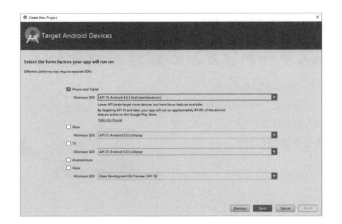

ここではどんな端末の、どの最小バージョンをターゲットにするかを選択するんだ。USB Host機能が追加されたのはバージョン3.1で、スマートフォンでは4.0からだから、「Phone and Tablet」にチェックを付けて「API 15:Android 4.0.3（IceCreamSandwich）」を選択しよう。これで、このバージョン以上だったらプログラムが動くぞ。「Next」ボタンで次へいこう。

ここでは画面の骨組みとなるソースコードとしてどんなものを用意するかを選択するんだ。この骨組みをスケルトンというよ。今回はEmpty Activityを選択して「Next」ボタンで次へいく。「Finish」ボタンで完了だ。

少し待っていたら画面が開いたよ。ヒントの画面は閉じてもいいね。

左の Project をクリックしてごらん。app、java、パッケージと順に開いていくと、MainActivity があるからそれを開いてみよう。スケルトンで作られたソースコードがここにあるんだ。

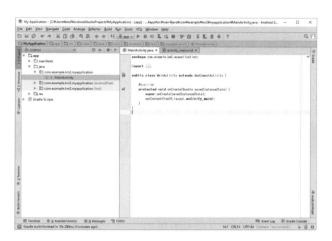

このソースコードを実行する前に、みきちゃんのスマートフォンを開発で使えるようにするぞ。開発者オプションを表示させるから、スマートフォンの「設定」から「端末情報」を開いて、「ビルド番号」の部分を 7 回連打してみてごらん。それから設定画面に戻ると、「開発者向けオプション」が表示されているよね？

ほんとだ。項目が増えているね。ここを選択すると開発者向けオプションが表示されたよ。

「USB デバッグ」にチェックを付けよう。それと頻繁にスリープモードになると不便だから、「スリープモードにしない」にチェックを付けよう。

先生できたよ。もうパソコンと USB 接続してもいい？

いいよ。接続したら Android Studio の画面に戻って三角の実行ボタンを押してみよう。もしもファイアウォールでブロックされている警告が出たらアクセスを許可してあげよう。

実行したら、Select Deployment Target の画面が出たよ。ここでみきちゃんのスマートフォンを選択して OK すると画面が出たよ〜。

開発環境の準備だけでも結構大変だったね。

● Android Studio と無線ネットワーク接続

ブー先生、Android Studio とスマートフォンは USB 接続してプログラムを入れたり、デバッグしたりするんだよね。でも今回は USB 接続の USB-IO を使って制御するからデバッグできないんじゃないの？

そうだね。いいところに気が付いたね。
Android Studio は、USB 接続以外にもネットワーク接続もできるんだ。ネットワーク接続をするには、Wi-Fi でパソコンとスマートフォンを接続できる環境が必要だ。家庭用の Wi-Fi ルーターやモバイルルーターがあれば接続できるぞ。機種によっては端末間通信をブロックするプライバシーセパレータ機能があり、初期値がブロックされる設定になっているものもあるから、ルーターの設定を確認しておこう。USB 接続していて、同じ Wi-Fi に接続した状態にできたかな？ それではやってみようか。Android Studio の画面の下のほうに、Terminal と書かれている部分があるから、そこをクリックしよう。ターミナルの画面が出るから「adb devices」と入力して Enter キーを押してみて。

CB5A1E1WLK device って表示されてるけど。

これは、いま接続されている端末を表しているんだ。次に、「adb tcpip 5555」と入力して Enter キーを押してみて。

restarting in TCP mode port: 5555 って出たよ。

これで、TCP ポート 5555 で接続を待っている状態になったんだ。みきちゃん、スマートフォンの IP アドレスが何番になっているか調べて。

設定＞ Wi-Fi で、いまつながっているネットワークを押すと出てきたよ。IP アドレスは、192.168.179.3 になっているわ。

注意 バージョンによって表示方法が異なります。Android 6.0 の場合は 設定＞端末の状態＞ IP アドレス の項目に表示されます。

たっくん、「adb connect 192.168.179.3」と入力して Enter キーを押すと、「connected to 192.168.179.3:5555」って出たかな。次に確認だ。「adb devices」と入力して Enter キーを押してみて。

「192.168.179.3:5555　device」って出たよ。IP アドレスでつながったってことだね。

> **注意** うまく接続できない場合は、Windows ファイアウォールやセキュリティソフトを一時的に無効にして確認してください。device が offline と表示された場合は、スマートフォンを再起動してください。なお、Android Studio を再起動したときや無線接続が切れたときは、無線の再接続が必要です。

その通り。ではスマートフォンとパソコンの USB ケーブルを抜いて、Android Studio の三角の実行ボタンを押してみよう。

すごーい。USB ケーブルをつながなくても動くなんて素敵♪

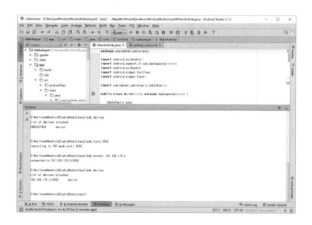

表 3-1　TCP 接続コマンド一覧

コマンド	説明
adb devices	接続端末一覧 端末名横に Offline と表示される場合は端末を再起動し、再接続する
adb tcpip 5555	TCP 接続準備 5555 はポート番号。ほかの番号ではつながらない場合がある
adb connect「IP アドレス」	指定した IP アドレスと接続を開始する。接続確認は adb devices で行う

[4] 動作を確認してみよう！　15

USB-IO2.0 で電子制御

［4］動作を確認してみよう！

開発環境の準備ができた、たっくんと、みきちゃん。ようやく USB-IO2.0 の動作確認に挑戦です。

すまほでも制御できる？

● プログラムダウンロード

ブー先生、秋月電子通商で USB-IO2.0 を買ってきたよ。早くスマートフォンとつなぎたいな。

今度はプログラムをダウンロードしよう。Vector のホームページから USB-IO Family 設定 AP と Android FlashAir サンプルをダウンロードしよう。

・Vector ホームページ：
　http://www.vector.co.jp/soft/winnt/prog/se514313.html

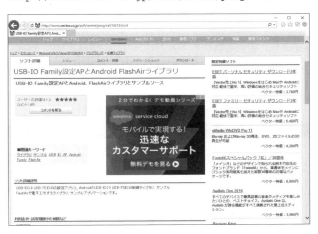

有料ソフトになっているけど、この書籍を買ってくれた人は、パスワードを入力すれば、無料で使えるから大丈夫だ。それではファイルをダウンロードしたら、ダブルクリックしてファイルを開いてみよう。開いた中に src.zip があるよね。これをダブルクリックして開いて src フォルダーを C ドライブにコピーしよう。パスワードを聞いてくるので「aeiciiokuthmkuozness」と入力しよう。

できた。C:¥ にコピーしたよ。これからは C:¥src の中にファイルがあるとして進んでいくよ！

● USB-IO2.0 設定

まずは入出力の設定をしよう！ USB-IO2.0 では最初に入出力ピンを設定する必要があるんだ。USB-IO2.0 とパソコンを USB 接続して **C:¥src ¥usbioFamily¥USB-IO_Family_Setting32Bit.exe** を実行しよう。

> **注意** セキュリティ保護などで実行が止められる場合は、セキュリティ保護を解除してください。

何やら設定できそうな画面が出てきたよ。

そうだね。これは USB-IO Family の設定プログラムなんだ。今回利用するUSB-IO2.0 の設定項目は 3 つ。ポート 2 のプルアップを無効にするかどうかの設定と、ポート 1 と 2 の入力ピンの初期値設定だ。今回は、全ピン入力のテストを行うからポート 1 に 11111111、ポート 2 に 1111 と 2 進数で入力ピンを設定して、プルアップ無効のチェックを外そう。

表 4-1 USB-IO2.0 設定内容

項目	値
内蔵プルアップ無効	チェックなし
入力ピン設定　ポート1	11111111
入力ピン設定　ポート2	00001111

図　USB-IO2.0 設定画面

ブー先生、この数字と USB-IO2.0 はどんな関係なの？

ポート 1 は USB-IO2.0 の J1、ポート 2 は J2 になっていて、2 進数の数字は各ピンの番号と対応しているんだ。

表 4-2　ビットとピン番号の対応

ビット7	ビット6	ビット5	ビット4	ビット3	ビット2	ビット1	ビット0
ピン7	ピン6	ピン5	ピン4	ピン3	ピン2	ピン1	ピン0

● 入力の動作確認の前に

それでは、Android Studio のトップ画面から Open a existing Android Studio project をクリックして **C:¥src¥AndroidStudio¥UsbIoInput** を開いて実行してみよう。無線接続と、スマートフォンと USB-IO との接続はできているかな？

USB-IO の接続はできているよ。念のため無線接続を確認しておこう。Android Studio の Terminal から「adb devices」で確認だったね。あれ？ Offline って表示が出てる。

スマートフォンがスリープに入ると、Offline になる場合があるんだ。その場合は端末を再起動してもう一度接続しよう。Android Studio を終了した場合も再度接続が必要になるぞ。

すぐにスリープになると面倒だから、画面設定のスリープで長めの時間を設定しておくわ。

よし、無線接続したよ。では三角の実行ボタンを押すと……、コンパイル頑張っているよ〜。画面が出たよ！

『アプリ「UsbIoInput」に USB 機器へのアクセスを許可しますか？』って出てきて、チェックボックスで、「この USB デバイスに標準で使用する」って出てるよ。ブー先生。どうして？

Android のユーザー認証だね。使う人が許可しないとアプリケーションから、USB 接続できないから、ここは OK でいいんだけど、チェックボックスにはチェックを付けないほうがいいよ。ここでチェックを付けると、USB デバイスを認識したとき自動的にこのアプリが起動してしまうんだ。開発中はいろいろなテストプログラムを作って実行するから、チェックを付けずに実行しよう。もしチェックを付けて OK してしまったら、スマートフォンの「設定」にある「アプリ」から「UsbIoInput」を開いてみると、一番下に「デフォルトでの起動」についての項目があって「設定を削除」というボタンがあるから、それで削除するんだ。

[4] 動作を確認してみよう！　19

● 入力の動作確認

ユーザー認証で OK したらスマートフォンに画面が出たよ！ ポート 1 が全部 0 でポート 2 が 00001111 になってる。あれ？ ポート 1 の値は 1 になったり 0 になったり安定していないね？

そう。それが正しい動作なんだ。ポート 1 はプルアップ回路が内蔵されていないから、ピンがどこにも接続されていないと入力の判定が不安定なんだ。この不安定さを解消するには 0V か 5V をはっきりさせるため、プルアップって回路を追加するんだ。ただし IC からの出力のように、0V か 5V かがはっきりしている場合は、プルアップ不要だ。

設定画面にプルアップって項目があったのは、そういうことだったんだね。ポート 2 はプルアップ回路が有効になっているから安定しているんだね。

動作確認の前にちょっと注意事項。USB-IO2.0 の VCC と GND をショートさせてしまうと大きな電流が流れてしまうんだ。USB-IO2.0 には、保護用にポリヒューズが入っているけれど、パソコンが不安定になったりする可能性があるからショートさせないように注意しよう。

間違ってショートしちゃったらどうするの？

USB-IO2.0 が動作しなくなったら抜き挿しすれば、また正常動作するようになるよ。では、入力の確認をしてみよう。たっくん、テスターのコードを USB-IO2.0 のポート 2 ピン 1 の部分と、GND の部分に当ててみて。

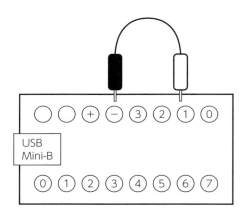

 ショートさせないようによく注意しながらやってみるよ。あ、ブー先生、画面の数字が変わったよ。ちゃんと動いているね！ この場合、0と1は何を表しているの？

 USB-IO2.0の入力ピンは0が0V、1が5Vを表しているんだ。プルアップ回路を有効にしているから未接続時は5Vなので1となり、GNDと接続したときに0になるよ。

Try 2　USB-IO2.0で電子制御

[5] LEDを点灯させてみよう！

USB-IO2.0の仕様とライブラリの設定方法が理解できた、たっくんと、みきちゃん。今度はLEDを制御してみます。

● LEDの選び方

たっくん、みきちゃん。今度はLEDを制御してみよう。

うちもLED電球にしているんだけど、電球みたいにつなぐだけじゃダメなの？

LEDは直流で電気を流す方向が決まっているから、そのままでは使えないんだ。それにLEDは指向性が高く角度もさまざまで、電圧も色によって異なるからとても種類が多いんだ。だから用途に合わせてLEDの選択をする必要がある。今回は動作確認用に使いたいから広範囲で点灯していることがわかるものを選びたいね。

図　光の指向性

LEDは加える電圧と電流が決まっているんだ。一般的なLEDは赤、黄、緑は2V・20mAくらい、白、青は、3.6V・20mAぐらいが標準的な電圧・電流なんだ。だから抵抗を付けてLEDにかかる電圧を調整するんだけれど、最近は抵抗を内蔵しているものも多いね。

USB電源電圧は 5V だったよね。5V の LED にすれば抵抗を用意する必要がないってことなの？

そう。電子工作は部品の数が多いから、少しでも減らすと回路がシンプルになって作りやすくなるんだ。でも今回は抵抗なしの LED を使ってみようか。抵抗を変えれば電圧を変えられるから汎用性があるんだ。

僕は青色が好きだから青色 LED にするよ。ところで抵抗値はどうやって計算するの？

オームの法則、つまり抵抗〔Ω〕＝電圧〔V〕／電流〔A〕で求まるよ。USB 電源電圧は 5V で、そのうち LED にかけたい電圧は青色 LED なら 3.6V だから、(5V − 3.6V) /20mA で、単位を合わせると (5V − 3.6V) /0.02A ＝ 1.4V/0.02A ＝ 70 Ωだ。わかりやすく書くとこうなるぞ。

$$抵抗値〔Ω〕=\left(電源電圧〔V〕-\frac{LED電圧〔V〕}{LED電流値〔A〕}\right)$$

なるほど。じゃあ 70 Ωの抵抗を買えばいいね。あれ？ 70 Ωの抵抗は売っていないよ。

そう、求まった抵抗値の抵抗が売っているとは限らないんだ。複数の抵抗で同じ値にするか、許容範囲内の抵抗に変更すればいいよ。LED に 3.6V 以上の電圧がかからなければいいから、今回は 100 Ωの抵抗を使ってみよう。

● USB-IO2.0 の出力設定

次は USB-IO2.0 の設定だ。パソコンと USB-IO2.0 を接続して **C:¥src¥usbioFamily¥USB-IO_Family_Setting32Bit.exe** を起動しよう。今回は出力のみの確認だから、入力ピンなしに設定しよう。

表 5-1　USB-IO2.0 設定内容

項目	値
内蔵プルアップ無効	チェック
入力ピン設定　ポート 1	00000000
入力ピン設定　ポート 2	00000000

図　USB-IO2.0 設定画面

● ブレッドボードに配置

ではたっくん、USB-IO2.0と抵抗、LEDをブレッドボードに配置してみようか。

ブー先生、LEDには足の長いほうと短いほうがあるんだけど、どうして？

そうそう。大事なところだね。電球の場合はどっちから電気が流れても大丈夫だけど、LEDは電気の流れる方向が決まっているから見てわかるようになっているんだ。足の長いほうをプラス、足の短いほうをマイナスにつなごう。
USB-IO2.0は、出力指示を出すと、指定されたピンが5Vになるんだ。今回は、J1-7とJ2-0にLEDをつないでみようか。回路図はこうなっているぞ。

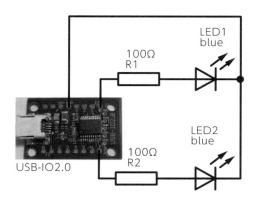

長方形と三角と矢印の記号があるけどどういう意味？

 長方形は抵抗器の記号で、さっき求めた 100 Ωの抵抗だよ。三角と矢印は LED の記号なんだ。三角はプラスマイナスを表していて、尖っているほうへ電気が流れることを表すよ。大きな回路になると見るのが難しいけれど、ひとつひとつは動作が決まっているから、小さな回路だと理解しやすいぞ。

表 5-2　おもな回路図記号の一覧（新 JIS）

回路記号	意味
	直流電源（電池） 長いほうの棒がプラスを表す
	GND
	スイッチ
	ヒューズ
	抵抗
	可変抵抗（3 端子） 抵抗を変化できる部品を表す
	コンデンサ
	ダイオード この図の場合、左から右へのみ電気を流すことができる
	LED（発光ダイオード）
	トランジスタ（NPN 型） 矢印の向きが反対なら PNP 型

 たっくん、ブレッドボードの使い方はわかるかな？　ブレッドボードは、内部では電源用ラインと、部品用ラインとでできていて、ボードの中ではこの図のようにつながっているんだ。

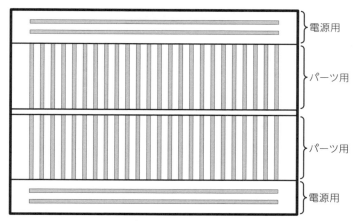

図　ブレッドボードの内部結線

なるほど。できたよ。電源はいろんな部品が接続するからどこからでも使いやすくなっているんだね。パズルみたいで面白いな。

● LED 点灯プログラムの実行

たっくん、Android Studio から **C:¥src¥AndroidStudio¥UsbIoOutput** を開いて実行してみて。

無線接続を確認して、USB-IO2.0 を接続して実行！　画面が出てきたね。ここに数値を入れると光るのかな？

そう。ポート1に10000000、ポート2に00000001を入れてデジタル出力ボタンを押してみよう。

光ったわ！ すごい、とてもきれいな色をしているわね。

僕は LED の青い光がとっても大好きなんだ。ブー先生、プログラムはかんたんなんだよね？

● LED 点灯プログラムのソース

そうだね。ライブラリを使っているからね。では LED 点灯プログラムのソースコードを見てみよう。Android Studio からプロジェクトを表示して UsbIoOutput > app > src > main > java > com.km2net.usbiooutput > MainActivity.java を開いてみて。

[5] LEDを点灯させてみよう！

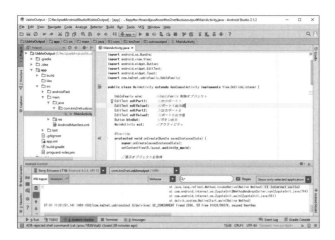

リスト 5-1　UsbIoOutput の MainActivity.java

```
 1  package com.km2net.usbiooutput;
 2
 3  import android.support.v7.app.AppCompatActivity;
 4  import android.os.Bundle;
 5  import android.view.View;
 6  import android.widget.Button;
 7  import android.widget.EditText;
 8  import android.widget.Toast;
 9  import com.km2net.usbiofamily.UsbIoFamily;
10
11  public class MainActivity extends AppCompatActivity implements
    View.OnClickListener {
12
13      UsbIoFamily uio;         //UsbIoFamily 制御オブジェクト
14      EditText edtPort1;       //出力ポート 1
15      EditText edtValue1;      //ポート 1 出力値
16      EditText edtPort2;       //出力ポート 2
17      EditText edtValue2;      //ポート 2 出力値
18      Button btnOut;           //ボタン出力
19      MainActivity act;        //アクティビティ
20
21      @Override
22      protected void onCreate(Bundle savedInstanceState) {
23          super.onCreate(savedInstanceState);
24          setContentView(R.layout.activity_main);
25
26          // 表示オブジェクトを取得
27          edtPort1    = (EditText)findViewById(R.id.edtPort1);
```

```
28            edtValue1    = (EditText)findViewById(R.id.edtValue1);
29            edtPort2     = (EditText)findViewById(R.id.edtPort2);
30            edtValue2    = (EditText)findViewById(R.id.edtValue2);
31            btnOut       = (Button)findViewById(R.id.btnOut);
32            //ボタン初期表示 無効
33            btnOut.setEnabled(false);
34            //ボタンクリックイベント設定
35            btnOut.setOnClickListener(this);
36            //アクティビティオブジェクト保存
37            act = this;
38            //UsbIoFamily利用開始
39            uio = new UsbIoFamily(this, new UsbCallBack());
40        }
41
42        // クリックイベント処理
43        @Override
44        public void onClick(View v) {
45            //btnOut が押された場合の処理
46            if (v.getId() == btnOut.getId()) {
47                // 画面で入力されたポート番号1の値をセット
48                uio.dataOut[0].Port = (byte)Integer.parseInt(edtPort1.
   getText().toString());
49                // 画面で入力されたポート番号1の出力値を2進数から数値に変換しセット
50                uio.dataOut[0].Data = (byte)Integer.
   parseInt(edtValue1.getText().toString(), 2);
51                // 画面で入力されたポート番号2の値をセット
52                uio.dataOut[1].Port = (byte)Integer.parseInt(edtPort2.
   getText().toString());
53                // 画面で入力されたポート番号2の出力値を2進数から数値に変換しセット
54                uio.dataOut[1].Data = (byte)Integer.
   parseInt(edtValue2.getText().toString(), 2);
55                // 使わない項目に0をセット
56                uio.dataOut[2].Port = 0;
57                uio.dataOut[3].Port = 0;
58                //UsbIoFamilyへ入出力指示
59                int ret = uio.ctlInOut();
60                // 正常でない場合エラー表示
61                if (ret != UsbIoFamily.ERR_NONE) {
62                    Toast.makeText(act, "ctlInOut Err:" + ret, Toast.
   LENGTH_LONG).show();
63                }
64            }
65        }
66
67        //UsbIoFamilyコールバッククラス
68        private class UsbCallBack implements UsbIoFamily.Callbacks {
69            //USB接続イベント
```

```
70          @Override
71          public void onUsbConnect() {
72              Toast.makeText(act, "onUsbConnect", Toast.LENGTH_
   LONG).show();
73              //btnOut を利用可能に変更
74              btnOut.setEnabled(true);
75          }
76          //USB 接続失敗イベント
77          @Override
78          public void onUsbConnectError() {
79              Toast.makeText(act, "onUsbConnectError", Toast.LENGTH_
   LONG).show();
80              finish();
81          }
82          //USB 切断イベント
83          @Override
84          public void onUsbDisconnect() {
85              Toast.makeText(act, "onUsbDisconnect", Toast.LENGTH_
   LONG).show();
86              finish();
87          }
88      }
89  }
```

よかった。あんまり長くないよ。これなら僕にもわかるかも。

● フローチャートの解説

たっくん、フローチャートはわかるかな？

ひし形とか四角の図だよね。なんとなくわかるような。

フローチャートはプログラムの処理の流れを表した図なんだ。それではプログラムの説明の前にフローチャートを見てみよう。Androidの処理はアクティビティ作成からはじまるぞ。

 出力ボタンを無効化して USB-IO2.0 接続しているけど、ここからどうなるの？

 その次はイベント待ちなんだ。イベント待ちだけれども、出力ボタンを無効化しているからクリック処理では何もできない。ただし、USB-IO2.0 接続完了すると USB 接続イベントが実行されるんだ。

 なるほど。USB-IO2.0 と接続が完了したら、出力ボタンが有効になって USB-IO2.0 に命令を送れるようになるんだね。フローチャートがあると処理の流れがよくわかるね。

 USB 接続エラーのイベントが発生したらプログラムを強制終了しているけど、どんなときに発生するの？

 ユーザー認証ができなかった場合などに発生するんだ。このプログラムでは処理できないから強制終了しているよ。

 クリックイベントはこうなるんだね。フローチャートにすると、処理がわかりやすいね。

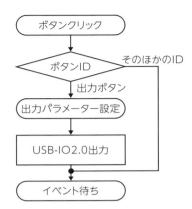

 最後によく使う記号をまとめておこう。

表 5-3 主要なフローチャート記号一覧

記号	意味
	端子 フローチャートの開始と終了を表す
	処理 計算などさまざまな処理を表す
	判断 条件の判断と分岐を表す
	ループの開始と終了 ループのはじまりと終わりを表す
	入出力 ファイルへの入出力を表す
	画面 画面への表示を表す
	結合子 ページ内の接続を表す

● LED 点灯プログラムの解説

それではプログラムをあらためて見てみよう。順に見ていくと 1 行目はパッケージ名の宣言。

プログラムを新規で作成するときに入力する値のことだね。

そう。3 〜 9 行目は import 文。Android Studio ではヒントから自動入力することができるから、直接記述することはあまりないかもしれないな。
11 行目からがアクティビティのクラス定義。これもスケルトンで作成されているので最初から存在しているけど、1 つのポイントは、このクラスでイベントを受けるにはインターフェイスを実装しないとならないことだ。このプログラムでは、クリックイベントを受けるために View.OnClickListener を実装しているんだ。
13 行目からは変数の定義。保持しておきたい値やさまざまな関数から参照される変数の定義は、このクラスが生成されてから消滅するまで保持したい。だからクラス定義のカッコ内に記述して、クラスが有効な間は保持しておくんだ。

変数が有効なのは、カッコの内側だけってことだね。

22 行目からは初期処理用の onCreate イベントの処理だけど、その前の 21 行目に @Override って付いているわよね。よく見かけるんだけど、これは何？

これは親クラスの処理を上書きするという意味なんだ。クラスを継承して onCreate メソッドを追加すると、自分にも親クラスにも同じメソッドが存在して、どっちに処理を渡していいかわからなくなるから、親の処理を上書きしてこちらで処理しますって宣言しておくんだ。ただし親の処理をこちらで引き受けると、親がやらなければならない処理が呼び出されないから、23 行目で super.onCreate メソッドを呼んであげているよ。

27 行目からは、何のために処理しているの？

Android Studio では、画面定義の項目はソースコードに自動追加されないんだ。だからボタンとかの画面項目と変数を結び付けておいて、後続の処理で使えるようにしているんだ。

なるほど。だから31行目でボタンの状態を設定できるのね。ボタン（btnOut）を有効にするか（SetEnabled）で、まずは無効（false）にしているのね。

35行目は、ボタンがクリックされた場合にこのクラスへイベントが来るよう登録しているんだ。この指定があるから、クラス定義にimplements View.OnClickListenerが必要になるんだ。onCreateメソッドの最後ではUsbIoFamilyのオブジェクトを生成して初期処理は終わりだ。
USB-IO2.0との接続は39行目で生成しているUsbCallBackクラスの中で実行しているんだ。難しいことはライブラリに任せて、43行目からクリックイベントの処理だ。

46行目からはクリック処理の内容だね。ここで、どのボタンが押されたかを判定しているんだね。

そう。そして48行目からは入出力するための設定。ここで画面に記述されている値を取得してパラメーターを設定しているんだ。

getTextは画面の値の取得ね。parseIntのパラメーターの最後に2が付いているのは、2進数を変換ってことかしら。

その通り。ポート番号と出力値を入れているんだ。パラメーターを設定できたら、59行目ctlInOutメソッドでUSB-IO2.0へ指示を送るんだ。61行目でエラーがあれば、エラーを表示してこのメソッドは終了だ。

なるほど。ライブラリを使うと入出力の処理がかんたんだね。

そうだね。USB-IO2.0と通信するフォーマットを意識しないでいいから、ソースがシンプルになるね。68行目からはUsbIoFamilyのコールバッククラス。

コールバックってなんだか難しそうなんだけど……。

難しくないよ。イベント処理と同じで、何かが起きたときに行うべき処理を記述すればいいだけだ。ライブラリにはイベントを処理するためのインターフェイスUsbIoFamily.Callbacksが準備されているから、これを実装したクラスを用意して、初期設定で渡してあげればいいんだ。
71行目からはUSBが接続されたときの処理。接続完了メッセージを表示して出力ボタンを有効にしているよ。
78行目からはUSBの接続エラーが発生したときの処理だ。エラーメッセー

ジを出してアプリケーションを強制終了しているね。
84 行目からの USB 切断処理もメッセージを表示して終了しているだけで、そのほかの処理はしていないよ。このプログラムでは再接続などをしていないからね。もしも再接続するなら、再度 UsbIoFamily クラスを生成するといいんだ。

イベントに対する処理を書くだけなのか。かんたんだったね。

ブー先生、質問。今回 LED を点灯させた ctlInOut メソッドは入出力になってるけど、このメソッドで入力もできるの？

そうなんだ。この命令を実行するとクラス内の dataIn 変数に値が入るようになっているよ。詳しくは付録の UsbIoFamily ライブラリリファレンスを参照してみよう。

Try 2　USB-IO2.0 で電子制御

［6］100V 電源を制御してみよう！

スマートフォンからの USB-IO2.0 を使った入力と出力の動作確認ができた、たっくんと、みきちゃん。今度は入出力を使って何かを制御してみたいと思い、100V の電源制御で電化製品を制御することにしました。

● 100V 電源の制御

ブー先生、USB-IO2.0 を使って信号の ON/OFF を制御できることはわかったけど、ほかに制御できるものはないの？　家電とか制御できないかな？

そうだね。電源の制御はできるから、照明とか扇風機とかの単純な家電なら電源の ON/OFF をコントロールするのは可能だよ。

でも USB-IO2.0 は、5V の ON/OFF しかできないわよね。どうやって実現するの？

100V 電源を制御する便利なキットが秋月電子通商から販売されているんだ。ソリッド・ステート・リレー（SSR）キットを使うと USB-IO2.0 からかんたんに 100V 電源を制御できるぞ。

ソリッド・ステート・リレーの説明書にも記載があるけど、組み立てる前に注意事項がある。大きな電流を流す場合は、放熱板を取り付ける必要があるんだけど 2A までならなくてもいいんだ。2A あれば、プリンター、スピーカー、卓上ライト、液晶ディスプレイなどの電源を制御できるよ。製品の後ろに消費電力が記載されているから、確認して使ってみるといい。注意点としては、

大きな電気を扱う場合は必ず安全装置も入れよう。誤って大きな電気を流してしまうと、発熱して燃えてしまったりすることも考えられるからね。

火事になったら大変だよ。ブレーカーとかヒューズを入れるのかな？

そう。安全装置としてはヒューズを入れるのがかんたんだね。今回は放熱板なしでかんたんに作りたいから、流せる電流は2Aまで大丈夫だけど、念のため1.5Aのヒューズを入れるよ。

● 100V 電源制御部品の作成

たっくん。この部品で回路図を見ながら100V電源制御部品を作ってみて。

表6-1　ソリッド・ステート・リレー100V電源制御部品一覧

部品	詳細	個数	参考価格
ソリッド・ステート・リレー (SSR) キット	25A (20A) タイプ	1	250 円
管ヒューズ　1.5A	汎用	1	30 円
ヒューズホルダー	汎用中継型	1	100 円
電源コード	汎用	1	100 円

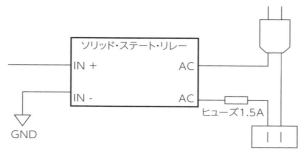

[6] 100V 電源を制御してみよう！

電源ケーブルの線を片側だけ途中で切って、ソリッド・ステート・リレーキットとヒューズをつなげるだけだね。

● ブレッドボードに配置

できたよ。かんたんに作れるね。

それでは、ブレッドボード上のタクトスイッチを押すと電源 ON、もう一度押すと電源 OFF する仕様としよう。タクトスイッチはボタンを押している間だけ、電流が流れるスイッチなんだ。たっくん、この回路図をブレッドボード上に配置してみて。

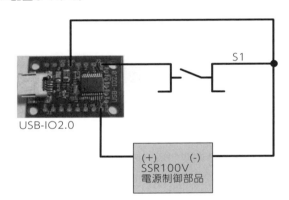

ブー先生、このスイッチ、足が 4 つもあるけど、どことどこをつなげばいいの？スイッチの裏にこんな模様があるよ。

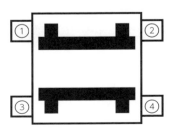

スイッチの図みたいね。もしかして①、②と③、④はそれぞれ常につながっていて、スイッチを押すと、全部がつながるのかしら。

テスターでつながりを確認すると、みきちゃんの予想通りの結果になったよ。
なるほどね。よし。僕の作った装置とも接続できたよ。

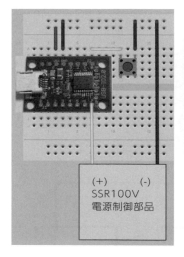
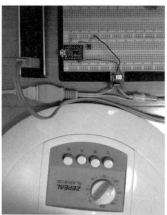

● USB-IO2.0 の設定

次はプログラムを動かす前に USB-IO2.0 の設定だよね。

そうだね。今回はポート1を出力、ポート2を入力として使うよ。パソコンと USB-IO2.0 を接続して、**C:¥src¥usbioFamily¥USB-IO_Family_Setting32Bit.exe** を起動して設定しよう。

表6-2　USB-IO2.0 設定内容

項目	値
内蔵プルアップ無効	チェックなし
入力ピン設定　ポート1	00000000
入力ピン設定　ポート2	00001111

[6] 100V 電源を制御してみよう！

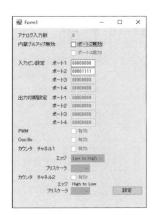

● 100V 制御動作確認

ではたっくん、扇風機を回してみようか。たっくんの作ったソリッド・ステート・リレー 100V 電源制御部品をコンセントに差して、その先に扇風機を接続してみよう。次に Android Studio から **C:¥src¥AndroidStudio¥UsbIo100V** を開いて実行してみて。

パソコンとスマートフォンの無線接続を確認して、USB-IO2.0 をスマートフォンに接続して実行すると、いまの状態が表示されているね。これでブレッドボード上のスイッチを押してみると……。

扇風機が回ったわ。たっくんおめでとう。工作は成功だね。

● 100V電源制御フローチャート

次は、プログラムがどんな仕組みになっているかをフローチャートで見てみよう。

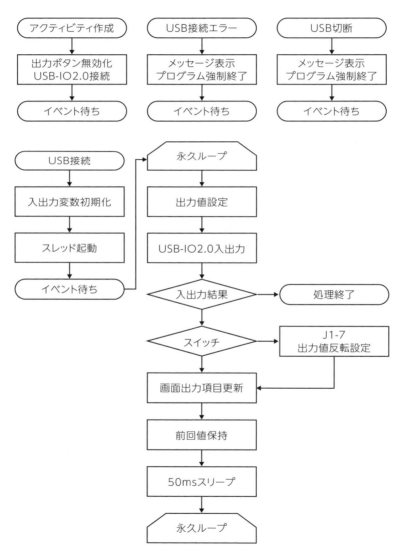

[6] 100V 電源を制御してみよう！ 41

アクティビティ作成時に初期化して、USB 接続された後が本題だね。スレッド起動して永久ループしているのはどうして？

スイッチの状態の変化を常に監視する必要があるからなんだ。スイッチが押されたか離されたかは、常にチェックしていないとわからないからね。だから、USB 接続処理は終わって、別スレッドで常時監視する仕組みになっているんだ。

なるほどね。スレッドの中では出力値設定をして、USB-IO2.0 の入出力を繰り返しているんだね。入力できたら、スイッチが押されたかどうか判断して 100V の出力を制御する仕組みだね。

ブー先生、永久ループの最後に 50ms スリープしているのはどうして？

このスリープはとても重要なんだ。もしもこのスリープがなかったら、処理が休まず実行されて、ほかのスレッドの処理ができなくなってしまう。50ms という間隔にも意味があって、スイッチの状態をチェックする間隔が長すぎると、スイッチを押してすぐ離した場合は、押されたことがわからない場合があるんだ。50ms にしておけば、瞬間的にスイッチを押して離したとしても、ほとんどの場合は反応できるから、この間隔にしているんだよ。

● 100V 電源制御プログラムのソース

リスト 6-1　UsbIo100V の MainActivity.java

```java
 1  package com.km2net.usbio100v;
 2
 3  import android.os.Handler;
 4  import android.support.v7.app.AppCompatActivity;
 5  import android.os.Bundle;
 6  import android.util.Log;
 7  import android.widget.TextView;
 8  import android.widget.Toast;
 9
10  import com.km2net.usbiofamily.UsbIoFamily;
11
12  public class MainActivity extends AppCompatActivity {
13
14      UsbIoFamily uio;              //UsbIoFamily 制御オブジェクト
15      TextView txvPowerSts;         // 入力値表示用
16      TextView txvPort1;            // ポート１出力値
```

```
17        TextView txvPort2;            // ポート2入力値
18        MainActivity act;             // アクティビティ
19        Handler mHandler = new Handler();   // メソッドポスト用ハンドラ
20
21        @Override
22        protected void onCreate(Bundle savedInstanceState) {
23            super.onCreate(savedInstanceState);
24            setContentView(R.layout.activity_main);
25
26            // アクティビティオブジェクト保存
27            act = this;
28            // 入力値表示オブジェクトを保存
29            txvPowerSts= (TextView)findViewById(R.id.txvPowerSts);
30            txvPort1 = (TextView)findViewById(R.id.txvPort1);
31            txvPort2 = (TextView)findViewById(R.id.txvPort2);
32            //UsbIoFamily利用開始
33            uio = new UsbIoFamily(this, new UsbCallBack());
34        }
35        //UsbIoFamilyコールバッククラス
36        private class UsbCallBack implements UsbIoFamily.Callbacks {
37            //USB接続イベント
38            @Override
39            public void onUsbConnect() {
40                // 接続完了メッセージ表示
41                Toast.makeText(act, "onUsbConnect", Toast.LENGTH_LONG).show();
42
43                // スレッドクラス作成
44                new Thread(new Runnable() {
45                    // スレッド実行処理
46                    public void run() {
47                        try {
48                            // 出力初期化
49                            byte Port1Data = (byte)0x00;
50                            uio.dataOut[0].Port = 1;
51                            uio.dataOut[1].Port = 0;
52                            uio.dataOut[2].Port = 0;
53                            uio.dataOut[3].Port = 0;
54
55                            // 入力前回値
56                            byte Port2In = (byte)0x0f;
57
58                            // プログラム動作中は常に入力監視
59                            while(true) {
60                                // 出力値設定
61                                uio.dataOut[0].Data = Port1Data;
```

```
62                         //UsbIoFamilyへ入出力指示
63                         int ret = uio.ctlInOut();
64                         // 正常でない場合エラー表示して制御終了
65                         if (ret != UsbIoFamily.ERR_NONE) {
66                             Log.e("usbio100v", "ctlInOut:" +
ret);
67                             return;
68                         }
69                         // 前回OFFで今回ONの場合
70                         if ( (Port2In & 0x01) == 0 && (uio.
dataIn[1] & 0x01) != 0) {
71                             // 出力反転し、次回出力
72                             Port1Data = (byte)(Port1Data ^
0x80);
73                         }
74
75                         //UIスレッドへ処理をポスト
76                         mHandler.post(new Runnable() {
77                             public void run() {
78                                 // ポート1出力値を2進数に変換
79                                 String p1 = Integer.
toBinaryString(uio.dataOut[0].Data & 0xff);
80                                 // ポート2入力値を2進数に変換
81                                 String p2 = Integer.
toBinaryString(uio.dataIn[1] & 0xff);
82                                 //2進数を8文字に整える
83                                 p1 = "0000000".substring(0,8
- p1.length()) + p1;
84                                 p2 = "000".substring(0,4 -
p2.length()) + p2;
85                                 // 入力値を画面に表示
86                                 txvPort1.setText(p1);
87                                 txvPort2.setText(p2);
88                                 //100V電源状態表示
89                                 if ( (uio.dataOut[0].Data &
0x80) != 0) {
90                                     txvPowerSts.setText("On");
91                                 }
92                                 else {
93                                     txvPowerSts.
setText("Off");
94                                 }
95                             }
96                         });
97
98                         // 入力前回値保存
99                         Port2In = uio.dataIn[1];
```

```
100                            //50ms 待つ
101                            Thread.sleep(50);
102                        }
103                    } catch (Exception e) {
104                        // 異常時は強制終了
105                        e.printStackTrace();
106                        finish();
107                    }
108                }
109            }).start();        // スレッド実行
110        }
111
112        //USB 接続失敗イベント
113        @Override
114        public void onUsbConnectError() {
115            //USB 接続失敗時は強制終了
116            Toast.makeText(act, "onUsbConnectError", Toast.LENGTH_
    LONG).show();
117            finish();
118        }
119
120        //USB 切断イベント
121        @Override
122        public void onUsbDisconnect() {
123            //USB 切断時はメッセージ表示し終了
124            Toast.makeText(act, "onUsbDisconnect", Toast.LENGTH_
    LONG).show();
125            finish();
126        }
127    }
128 }
```

プログラムの解説

それではプログラムを見てみよう。まずは前回のソースコードと同じようにパッケージ名の宣言やインポートがあって、onCreate では画面項目用の変数の初期設定と、UsbIoFamily の初期設定をしているよ。

今回は、画面のイベントがないから初期設定だけだね。36 行目からのコールバッククラスで処理されていることがおもな処理かな。39 行目からの onUsbConnect() の中は、まずは接続完了のメッセージ表示だね。44 行目からは、new して new して……？

そう。ここからがこのプログラムの本題で、スレッドと実行クラスを生成して開始しているところなんだ。スレッドを実行するためには、Thread クラスに Runnable クラスを渡して start する必要があるんだけれど、ここでは引数でクラス生成して、そこに処理も記述しているんだ。Java の場合、どこでも定義できるし記述の自由度が高いから、引数を渡すところにクラス生成とコードを一緒に書くこともできるんだ。

なるほど。結局、スレッド実行時には 46 行目からの run メソッドが呼ばれるんだね。

その通り。run メソッドの中で最初にあるのは、初期設定だ。出力用変数は 0x00 ですべて OFF にしておいて、出力指示は 0 番目だけポート 1 に指定している。そのほかの指示はポート番号に 0 を指定して制御しない設定だ。56 行目で入力前回値の初期値として 0x0f を設定しているのは、プルアップされるからスイッチが押されていない状態を初期値として設定しているんだ。

プルアップされているから、スイッチが押されていないときが ON、スイッチが押されたときが OFF になるってことだね。そして 59 行目から永久ループに入るね。

永久ループに入ると、変数に取っておいた出力値をパラメーターに指定して、63 行目で入出力実行だ。

65 行目からの部分で、入出力の結果が異常だったらログを出力して終了するようになっているのね。このログはどこに出るの？

ログは Android Monitor の logcat に出力されるよ。たっくん、表示してコンボボックスからデバイスと、アプリを選択してみて。

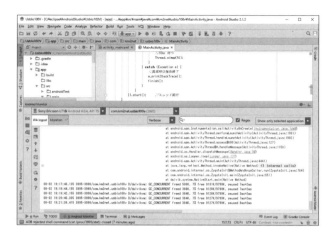

 たくさん出ていてわからないなぁ。

 そう。ログは大量に出るから検索するかフィルタリングしよう。右上のコンボボックスから Edit Filter Configuration を選択するとダイアログが表示されるから、Log Tag に **usbio100v** と入力してみてよ。

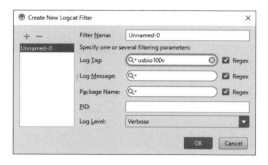

 入力して OK すると、これだけになったよ。デバッグするのに便利だね。Log クラスを活用しないとね。

[6] 100V電源を制御してみよう！ 47

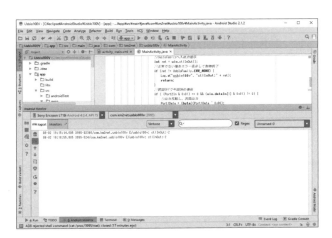

ライブラリのログを表示するには、UsbIoFamilyと入れてみよう。接続や切断のタイミングがわかるぞ。

70行目からはスイッチの判定ね。Port2Inは前回の入力値で、uio.dataIn[1]は読み取ったポート2の値ね。それぞれのビット0どうしを比較して、OFFからONになったタイミングを判断しているわね。それから出力データの値を計算しているみたいだけど、「^」は何をしているのかしら。

ここでは、論理演算の排他的論理和でビット反転しているんだ。

表6-3　Javaの論理演算子

項目	演算子
論理積 AND	&
論理和 OR	|
排他的論理和 XOR	^
否定 NOT	!

ANDとORはわかるけど、排他的論理和ってどんな結果になるの？

パターンを見るとわかりやすいよ。1で演算すると左辺は反転して、0で演算すると左辺の値そのままになるんだ。ビット反転するときによく使うぞ。

表6-4 排他的論理和のパターン

式	結果
0 ^ 1	1
1 ^ 1	0
0 ^ 0	0
1 ^ 0	1

これは便利だね。76行目からは、また引数の中のクラス定義と生成か。ここのrunの処理が実行されるんだね。でもどうしてこんなことしているの？

実はUIは別スレッドから処理できないんだ。複数のスレッドから同時に処理を呼ばれても画面は1つだからね。なので、ここではUIスレッドに処理をしてもらうようお願いしているんだ。

なるほど。UIスレッドは聖徳太子みたいだね。たくさんの人から同時に話は聞けるけど、動けるのは自分1人だけだから1つずつ処理するんだね。

たっくん、面白いたとえね♪ 79行目からはUIスレッドに任せている処理で数値を文字列に変換しているところね。どうして0xffとの論理積をとっているの？

実はJavaの変数の型にはC言語でいうところのunsigned char（0～255）のような型がないんだ。Javaのbyte型の範囲は–128～127となっていて、バイトデータを扱うのにひと工夫必要なんだ。たとえば、uio.dataOut[0].Dataに0xffが入ってきたとしよう。するとJavaではこれを–1としてしまうんだ。

0xffは10進数に直すと255よね？

一般的には、そうだね。だけどJavaのbyte型は先頭1ビットが符号になっているから、–1になってしまう。そして、内部の処理はint型で行うから16進数で表すと0xffffffffだ。この対策として下8ビットを抜き取るために0xffとの論理積をとっているってわけだ。

結構難しいね〜。けど byte 型から値を取得するには 0xff で抜き出せばいいんだね。83 行目からは 2 進数文字列の桁合わせをしていて、86 行目からは画面表示だね。89 行目から 100V 電源が ON なのか OFF なのか出力値を参照して表示して、UI スレッドにお願いする処理は終了だね。
最後に次回のループのために、99 行目で今回のポート 2 入力値を前回値に入れ替えて、101 行目で少し休んでこの処理は終了だね。

113 行目からの残りの処理は、USB 接続失敗イベントと USB 切断イベントだけど、ここでは、メッセージを表示して強制終了だ。

デジタル入出力は、かんたんに制御できるね。

 USB-FSIO30 でアナログ入力と PWM と I2C

［7］電圧計測してみよう！

スマートフォンから USB-IO2.0 を使ったデジタル入出力の基本が理解できてきた、たっくんとみきちゃん。デジタル入出力以外の制御にも興味が出てきました。USB-FSIO30 を使って A/D 変換に挑戦です。

● USB-FSIO30 を使ってみよう

 ブー先生、スイッチ入力や信号の ON/OFF はかんたんに制御できることがわかってきたけど、これってデジタルでしょ？ ゲームパッドのコントローラーにはアナログもあるんだよね。アナログってどんな仕組みになっているんだろう？

 ゲームパッドの場合は、コントローラーで可変抵抗を動かして電圧値の変化を計測しているんだ。アナログ入力したい場合は、電圧値を数値に変換するアナログ／デジタル変換（A/D 変換）ができればかんたんに測定できるよ。

 USB-IO2.0 にはそんな機能はないみたいだけど、何を使えばできるの？

 USB-FSIO30 を使ってみよう。この製品は USB-IO2.0 と同じような手順で入出力ができるからかんたんで、A/D 変換もできるんだ。この商品は、Km2Net のサイトから購入できるぞ。

　　　http://km2net.com/

図　USB-FSIO30

ところでアナログをデジタルに変換するA/D変換ってどんな仕組みなの？

 A/D変換は、アナログの電圧から一定の周期（サンプリングレート）で、ある間隔で区切った電圧を取り出してデジタルな数値として表現するんだ。USB-FSIO30の場合、0〜5Vの範囲を10ビット、つまり $2^{10} = 1024$ の間隔に区切って表すことができるよ。A/D変換ができれば中間の3Vなどの値もUSB-FSIO30で読み取りできるようになる。

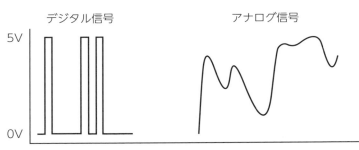

図　デジタル信号とアナログ信号

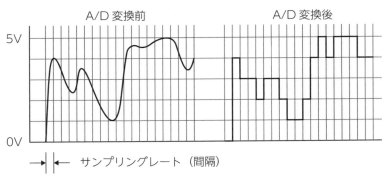

図　アナログ信号の変換前と変換後

 難しそうだなぁ。USB-FSIO30だとかんたんにできるの？

 USB-FSIO30のアナログ入力機能を使えば、手軽に5Vのアナログ変換データがパソコンに取り込めるんだ。それでは乾電池の電圧を測ってみようか。たっくん、この回路図をもとにブレッドボードに配置してみて。プラスのほ

うはアナログ入力ピンの J1-0、マイナスのほうは GND に接続しよう。

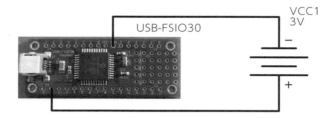

できたよ。電池をつなぐだけだからかんたんだね。

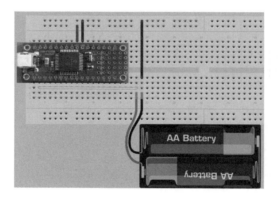

● USB-FSIO30 の設定

USB-FSIO30 にも設定があって、USB-IO2.0 と同じアプリケーションで設定できるんだ。アナログ入力するにはアナログ入力するチャネル数を指定して、ポート 1 を入力ピンとして指定するんだ。

パソコンと USB-FSIO30 を接続したら **C:¥src¥usbioFamily¥USB-IO_Family_Setting32Bit.exe** を起動して、アナログ入力の設定をしよう。

[7] 電圧計測してみよう！

表 7-1　USB-FSIO30 設定内容

項目	値
アナログ入力数	8※
内蔵プルアップ無効　ポート 2	チェック
内蔵プルアップ無効　ポート 4	チェックなし
入力ピン設定　ポート 1	11111111※
入力ピン設定　ポート 2	00000000
入力ピン設定　ポート 3	00000000
入力ピン設定　ポート 4	11111111
出力初期値設定　ポート 1	00000000※
出力初期値設定　ポート 2	00000000
出力初期値設定　ポート 3	00000000
出力初期値設定　ポート 4	00000000
PWM	チェック
Oscillo	チェックなし
カウンタチャネル 1	チェックなし
エッジ	High to Low
プリスケーラ	1
カウンタチャネル 2	チェックなし
プリスケーラ	1

ピンと機能がたくさんあるから設定項目がたくさんあるけど、アナログ入力に関係があるのは※を付けたところだけなんだ。

電圧計測プログラムの実行

たっくん、Android Studio から **C:¥src¥AndroidStudio¥UsbFsioAD** を開いて実行してみて。

無線接続を確認して、USB-FSIO30 を接続して実行だよね！ あ、計測できているみたいだよ！

それぞれのチャネルの右の数値は電圧、左の数値が取得したアナログデータなんだ。USB-FSIO30 は 0 〜 5V を 10 ビットで表現するから、5V を 1024 段階に分解することが可能なんだ。電圧を求める計算式は、単位が mV の場合はこの式になるぞ。

電圧〔mV〕＝アナログデータ×5000÷(1024−1)

電圧を測れることはわかったけど、ゲームパッドみたいに可変抵抗をつないでみるにはどうすればいいの？ なぜか足が 3 本あるんだけど……。

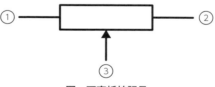

図　可変抵抗記号

回路記号を見てみると理解しやすいぞ。①─②の端子間は一定の抵抗で、③が抵抗を分圧しているところをイメージしているんだ。③の分圧する場所を変えられるのが可変抵抗だ。

単純じゃないんだね。どうしてこんなことをする必要があるの？

抵抗が1つだったら、抵抗値に関係なくすべての電圧が抵抗にかかるよね。でも、抵抗が2つ直列につながっていたら、それぞれの抵抗にかかる電圧は抵抗値によって変わる。

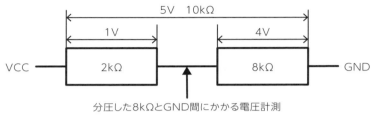

図　分圧例

 なるほど。それで足が3本あるんだね。真ん中の足を計測するピンに接続すればいいってことだよね。

 その通り。たっくん、この回路図のようにブレッドボードに配置してみよう。抵抗値は10kΩを超えると誤差が出てきて、小さいと電力消費が増えるから、今回は10kΩの抵抗を利用しよう。

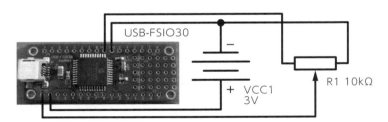

 できたよ！　可変抵抗のつまみを回すと電圧が変化するね。これを利用してゲームパッドはできているんだね。

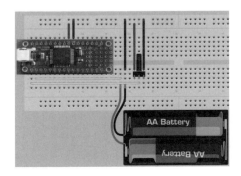

● アナログ入力フローチャート

アナログ入力の場合のフローチャートを見てみよう。

シンプルだね。アクティビティの作成と USB イベントの処理は、USB-IO2.0 と同じだ！ 違いがあるのは、アナログ入力だけだね。

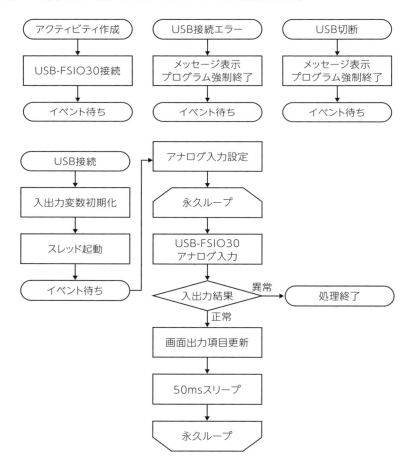

● USB-FSIO30 アナログ変換プログラムのソース

リスト 7-1　UsbFsioAD の MainActivity.java

```
 1  package com.km2net.usbfsioad;
 2
 3  import android.os.Handler;
 4  import android.support.v7.app.AppCompatActivity;
 5  import android.os.Bundle;
 6  import android.util.Log;
 7  import android.widget.TextView;
 8  import android.widget.Toast;
 9
10  import com.km2net.usbiofamily.UsbIoFamily;
11
12  public class MainActivity extends AppCompatActivity {
13
14      UsbIoFamily uio;                          //UsbIoFamily 制御オブジェクト
15      TextView[] txvCh = new TextView[4];       // アナログ値表示用
16      MainActivity act;                         // アクティビティ
17      Handler mHandler = new Handler();         // メソッドポスト用ハンドラ
18
19      @Override
20      protected void onCreate(Bundle savedInstanceState) {
21          super.onCreate(savedInstanceState);
22          setContentView(R.layout.activity_main);
23
24          // アクティビティオブジェクト保存
25          act = this;
26          // 入力値表示用オブジェクト保存
27          txvCh[0] = (TextView)findViewById(R.id.txvCh1);
28          txvCh[1] = (TextView)findViewById(R.id.txvCh2);
29          txvCh[2] = (TextView)findViewById(R.id.txvCh3);
30          txvCh[3] = (TextView)findViewById(R.id.txvCh4);
31          //UsbIoFamily 利用開始
32          uio = new UsbIoFamily(this, new UsbCallBack());
33      }
34
35      //UsbIoFamily コールバッククラス
36      private class UsbCallBack implements UsbIoFamily.Callbacks {
37          //USB 接続イベント
38          @Override
39          public void onUsbConnect() {
40              // 接続完了メッセージ表示
```

```
41                   Toast.makeText(act, "onUsbConnect", Toast.LENGTH_
    LONG).show();
42
43                   // スレッドクラス作成
44                   new Thread(new Runnable() {
45                       // スレッド実行処理
46                       public void run() {
47                           try {
48                               // アナログデータ取得チャネル1設定
49                               uio.dataAD[0].Chanel = 1;
50                               // アナログデータ取得チャネル2設定
51                               uio.dataAD[1].Chanel = 2;
52                               // アナログデータ取得チャネル3設定
53                               uio.dataAD[2].Chanel = 3;
54                               // アナログデータ取得チャネル4設定
55                               uio.dataAD[3].Chanel = 4;
56                               // 取得しない項目には0セット
57                               uio.dataAD[4].Chanel = 0;
58                               uio.dataAD[5].Chanel = 0;
59                               uio.dataAD[6].Chanel = 0;
60                               uio.dataAD[7].Chanel = 0;
61
62                               // 常に入力監視するため永久ループ
63                               while(true) {
64                                   //UsbIoFamilyへアナログ入力指示
65                                   int ret = uio.ctlADIn();
66                                   // 正常でない場合エラー表示して制御終了
67                                   if (ret != UsbIoFamily.ERR_NONE) {
68                                       Log.d("ctlInOut", "onUsbError:" +
    ret);
69                                       return;
70                                   }
71                                   //UIスレッドへ処理をポスト
72                                   mHandler.post(new Runnable() {
73                                       public void run() {
74                                           // アナログ値
75                                           String[] ad = new String[4];
76                                           //AD変換電圧値
77                                           String[] mv = new String[4];
78                                           // 配列の項目分ループ
79                                           for (int i=0; i<ad.length;
    i++) {
80                                               // アナログ値を文字列に変換
81                                               ad[i] = String.
    valueOf(uio.dataAD[i].AD);
82                                               // 前に0を付け文字数を合わせる
```

```
 83                                         ad[i] = "0000".
substring(0,4 - ad[i].length()) + ad[i];
 84                                         // アナログ値を電圧に変換
 85                                         mv[i] = String.
format("%.2f",uio.dataAD[i].AD * 5000.0/1023.0);
 86                                         // 前に0を付け文字数を合わせる
 87                                         mv[i] = "0000".
substring(0,7 - mv[i].length()) + mv[i];
 88                                         // 画面項目に設定
 89                                         txvCh[i].setText(ad[i] + ",
" + mv[i] + "mV");
 90                                     }
 91                                 }
 92                             });
 93                             //50ms 待つ
 94                             Thread.sleep(50);
 95                         }
 96                     } catch (Exception e) {
 97                         // 異常時は終了
 98                         e.printStackTrace();
 99                         finish();
100                     }
101                 }
102             }).start();       // スレッド実行
103         }
104         //USB接続失敗イベント
105         @Override
106         public void onUsbConnectError() {
107             Toast.makeText(act, "onUsbConnectError", Toast.LENGTH_
LONG).show();
108             finish();
109         }
110         //USB切断イベント
111         @Override
112         public void onUsbDisconnect() {
113             Toast.makeText(act, "onUsbDisconnect", Toast.LENGTH_
LONG).show();
114         }
115     }
116 }
```

まずは、パッケージの指定や画面項目の定義はいままで説明してきた通り。USB-FSIO30を使うライブラリはUSB-IO2.0と同じものを使えるから、onCreateの中の32行目でUSB-IO2.0と同じようにクラスの生成をしているんだ。

同じように利用できるんだね。じゃあ UsbCallBack の中も同じようにできて、違いはアナログ入力のところだけかな？

そうだね。39 行目からの onUsbConnect の中を見てみると、まず接続メッセージを表示して、スレッドを作成する。49 行目からがアナログ入力の設定だけど、入力したいチャネルを 8 個指定するんだ。

0 が指定してある箇所は、もしかして入力しないところ？

そう。1〜8 のチャネル番号が指定されているチャネルだけ A/D 変換するようになっているんだ。そしてチャネルを指定したら 63 行目から永久ループに入る。取得したいチャネルが毎回変わるなら毎回チャネル指定が必要だけど、毎回同じならライブラリ内のメモリに保持されているから指定しなくて大丈夫だよ。そして、65 行目からはアナログ入力処理と異常時の処理。

これでもう、アナログデータが取れちゃうの？　かんたんだね。

あとは 72 行目からが UI スレッドに画面の表示を依頼するところだ。

この中に、画面表示の処理が入っているんだよね。75 行目と 77 行目は変数の定義で、79 行目からはその変数をそれぞれのチャネルで更新しているね。

81 行目と 83 行目、アナログ値はそのままの値の桁数を調整して文字列に変換。電圧値は、85 行目でアナログ値×5000÷1023 で mV に変換して、87 行目で桁数を合わせて文字列に変換。できあがった文字列を 89 行目で画面の項目にセットして、処理の依頼は終了だ。

UI スレッドへ処理の依頼が終わったら 94 行目で 50ms 待っているね。sleep がないと、他の処理が動けないんだよね。アナログ入力の処理も難しくなかったよ。

Try 3　USB-FSIO30でアナログ入力とPWMとI2C

［8］PWMで調光やサーボ制御してみよう！

USB-FSIO30を使ってアナログ入力も
理解できてきた、たっくんと、みきちゃん。
USB-FSIO30のPWM機能に興味が
出てきました。今度はPWMに挑戦です。

● PWMって何？

ブー先生、USB-FSIO30のPWMって機能はどんなもの？

PWMはPulse Width Modulationの略で、パルス 幅 変調 のことなんだ。パルスは矩形波（方形波）のことで、こんな感じの信号だ。

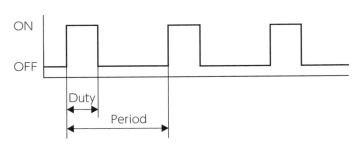

PWMはこの矩形波を出力して幅を変調することができる機能なんだ。USB-FSIO30でも、パルスの間隔（Period）と出力の間隔（Duty）を設定することで、自由にパルスの間隔を設定できるよ。

デジタル信号を一定の周期でON/OFFするだけなんだね。でもON/OFFだけなら入出力コマンドでもできそうだけど。

USB-FSIO30では66.83μs単位に変調できるから、制御速度より短い時間の矩形を作ることができるんだ。それにON/OFFをプログラムで常に繰り返すのも面倒だし、CPUの負荷が高いと一定のタイミングで制御できないよね。

なるほど、そういうことか。この機能を使うと何が制御できるかな？

RCサーボモーターの出力調整、LEDの調光などの制御がかんたんにできるよ。

へー。LEDはPWMで明るさを調整しているのね。高速でON/OFFを繰り返すから明るさが変化するように感じるのね。

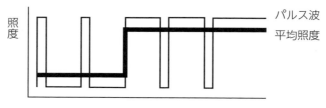

図　平均照度

そう。パルスの出力幅を大きくしたり小さくしたりすることで、平均値を操作するんだ。たとえば10ms周期のパルスで考えると、1ms停止して9ms出力する場合の平均は90％だよね。この原理を利用するとPWMを使ってLEDの明るさやモーターの出力を調整することが可能なんだ。今回はLEDもあるし、PWMしてみようか。

● ブレッドボードに配置

それではLEDをつないでみよう。USB-FSIO30でPWMできるのはJ3-0～J3-4までの5チャネルだ。回路図をもとにブレッドボードに配置してみて。

[8] PWMで調光やサーボ制御してみよう！ 63

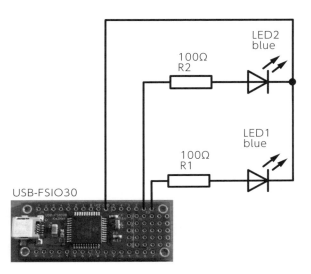

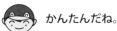
かんたんだね。

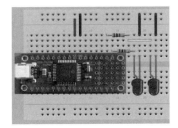

● USB-FSIO30 の設定

PWM を設定するには、PWM にチェックが入っていて、ポート 3 が出力設定になっている必要があるんだ。パソコンと USB-FSIO30 を接続したら **C:¥src¥usbioFamily¥USB-IO_Family_Setting32Bit.exe** を起動して、PWM の設定をしよう。

表 8-1　USB-FSIO30 設定内容

項目	値
アナログ入力数	8
内蔵プルアップ無効　ポート 2	チェック
内蔵プルアップ無効　ポート 4	チェックなし
入力ピン設定　ポート 1	11111111
入力ピン設定　ポート 2	00000000
入力ピン設定　ポート 3	00000000※
入力ピン設定　ポート 4	11111111
出力初期値設定　ポート 1	00000000
出力初期値設定　ポート 2	00000000
出力初期値設定　ポート 3	00000000※
出力初期値設定　ポート 4	00000000
PWM	チェック※
Oscillo	チェックなし
カウンタチャネル 1	チェックなし
エッジ	High to Low
プリスケーラ	1
カウンタチャネル 2	チェックなし
プリスケーラ	1

PWM に関係があるのは※を付けたところだ。

● PWM プログラムの実行

たっくん、Android Studio から **C:¥src¥AndroidStudio¥UsbFsioPWM** を開いて実行してみて。

無線接続を確認して、USB-FSIO30 を接続して実行だよね！　入力項目が出てきたよ。

このプログラムは、チャネル1、2のPeriod、Duty、ON/OFFを指定できるようになっているんだ。

たっくん、長ーいPeriodと、短いPeriodを試してみたいんだけど、Periodに100と10000、Dutyに10と1000を入れて。チャネル1、2がつながっているから、ON/OFFに00011を入力してみて。

周期を送信、出力期間送信、出力とボタンを押すと……、光った！ 1つは点滅して、1つは点灯しているよ！

みきちゃんが指定したタイミングは次の表のようになっているんだ。

表 8-2　USB-FSIO30PWM 出力内容

項目	期間	出力	出力比
チャネル1	指定値 100 = 6683 μs	指定値 10 = 668.3 μs	10%
チャネル2	指定値 10000 = 668300 μs = 668.3ms	指定値 1000 = 66830 μs = 66.83ms	10%

チャネル1はPWMの期間が短いから点灯しているように見えて、チャネル2は期間が長いから点滅して見えるんだ。

おもしろーい。チャネル1の出力を50にすれば、出力比が50%になって明るくなるんだね。

● RC サーボの制御

たっくん、LED を外して今度はサーボを制御してみようか。5V で動作する超小型のサーボなら制御できるんだ。

RC サーボも制御できるなんて、PWM ってすごいね。

まずは配線からだけど、RC サーボから 3 本の線が出ているね。秋月電子通商でも取り扱っている GWS サーボ PIC ／ STD ／ F（フタバ）の場合は、黒：GND、赤：電源、白：制御線になっているんだ。

RC サーボ　　　　　マイクロサーボ 9g　SG90

秋月電子通商でも取り扱っているマイクロサーボ 9g　SG90 の場合は茶色：GND、赤：電源、オレンジ：制御線になっているんだ。配線はデータシートを見てしっかり確認しよう。
RC サーボの制御方法は、LED とだいたい同じ。10 〜 20ms 程度の周期で 1 〜 2ms 幅のパルス出力を行えば、パルスの幅に応じて角度が変わる仕組みになっているんだ。

いま使っているプログラムで動作確認できるね。

ただし、指定した範囲が大きすぎたり小さすぎたりすると、サーボが焼き付くこともある。無理な数値は入力しないようにしよう。それとサーボを動かす場合はかなりの電力が必要だから、充電や給電付きの OTG ケーブルを利用しないと電力不足になるスマートフォンもある。500mA が利用できるか確認しておこう。
たっくん、この回路図をもとに接続してみてよ。

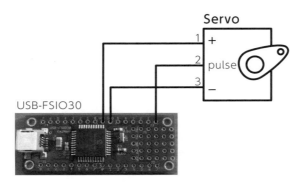

接続してみたから試してみるね。えーと、指定する値は 66.83 μs 単位だから、1.5ms の出力なら Duty が 22 で、15ms の期間だったら Period が 224、と。動かしてみるね。

表 8-3　USB-FSIO30PWM サーボ制御値

項目	出力最小	出力最大
Period＝15ms	224	224
Duty＝1〜2ms	15	30
出力チャネル 1 のみ	00001	00001

動く、動くよ。サーボの制御もかんたんだね。

● PWM 出力フローチャート

PWM 出力の場合は、ボタン操作での制御のみだからかんたんだ。

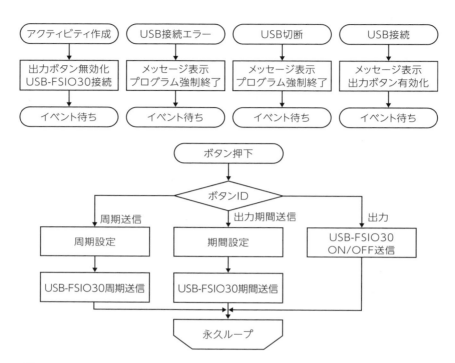

 USB-IO2.0の出力プログラムと同じ流れみたいだね。

● USB-FSIO30 PWM 出力プログラムのソース

リスト 8-1　UsbFsioPWM の MainActivity.java

```
1  package com.km2net.usbfsiopwm;
2
3  import android.support.v7.app.AppCompatActivity;
4  import android.os.Bundle;
5  import android.view.View;
6  import android.widget.Button;
7  import android.widget.EditText;
8  import android.widget.Toast;
9
10 import com.km2net.usbiofamily.UsbIoFamily;
11
12 public class MainActivity extends AppCompatActivity implements View.OnClickListener {
13
```

```
14      UsbIoFamily uio;           //UsbIoFamily 制御オブジェクト
15      EditText edtPeriod1;       // チャネル1PWM周期
16      EditText edtPeriod2;       // チャネル2PWM周期
17      EditText edtDuty1;         // チャネル1PWM出力期間
18      EditText edtDuty2;         // チャネル2PWM出力期間
19      EditText edtOnOff;         //PWM出力ビット
20      Button btnPeriod;          // 周期送信ボタン
21      Button btnDuty;            // 出力期間送信ボタン
22      Button btnOnOff;           // 出力ボタン
23      MainActivity act;          // アクティビティ
24
25      @Override
26      protected void onCreate(Bundle savedInstanceState) {
27          super.onCreate(savedInstanceState);
28          setContentView(R.layout.activity_main);
29
30          // アクティビティオブジェクト保存
31          act = this;
32          // 画面オブジェクト保存
33          edtPeriod1  = (EditText) findViewById(R.id.edtPeriod1);
34          edtDuty1    = (EditText) findViewById(R.id.edtDuty1);
35          edtPeriod2  = (EditText) findViewById(R.id.edtPeriod2);
36          edtDuty2    = (EditText) findViewById(R.id.edtDuty2);
37          edtOnOff    = (EditText) findViewById(R.id.edtOnOff);
38          btnPeriod   = (Button)   findViewById(R.id.btnPeriod);
39          btnDuty     = (Button)   findViewById(R.id.btnDuty);
40          btnOnOff    = (Button)   findViewById(R.id.btnOnOff);
41          // クリックイベント設定
42          btnPeriod.setOnClickListener((View.OnClickListener) this);
43          btnDuty.setOnClickListener((View.OnClickListener) this);
44          btnOnOff.setOnClickListener((View.OnClickListener) this);
45          // 初期値無効に設定
46          btnPeriod.setEnabled(false);
47          btnDuty.setEnabled(false);
48          btnOnOff.setEnabled(false);
49          //UsbIoFamily利用開始
50          uio = new UsbIoFamily(this, new UsbCallBack());
51      }
52
53      // クリックイベント処理
54      @Override
55      public void onClick(View v) {
56          // ボタンID別処理
57          switch (v.getId()) {
58              // 周期送信ボタンクリック時
59              case R.id.btnPeriod:
60                  // 画面の周期1をセット
```

```
61                    uio.dataPwmPeriod[0] = Integer.
   parseInt(edtPeriod1.getText().toString());
62                    // 画面の周期 2 をセット
63                    uio.dataPwmPeriod[1] = Integer.
   parseInt(edtPeriod2.getText().toString());
64                    // 使わないチャネルは 0 をセット
65                    uio.dataPwmPeriod[2] = 0;
66                    uio.dataPwmPeriod[3] = 0;
67                    uio.dataPwmPeriod[4] = 0;
68                    //UsbIoFamily へ PWM 周期送信
69                    uio.ctlPwmPeriod();
70                    break;
71                // 出力期間送信ボタンクリック時
72                case R.id.btnDuty:
73                    // 画面の出力期間 1 をセット
74                    uio.dataPwmDuty[0] = Integer.parseInt(edtDuty1.
   getText().toString());
75                    // 画面の出力期間 2 をセット
76                    uio.dataPwmDuty[1] = Integer.parseInt(edtDuty2.
   getText().toString());
77                    // 使わないチャネルは 0 をセット
78                    uio.dataPwmDuty[2] = 0;
79                    uio.dataPwmDuty[3] = 0;
80                    uio.dataPwmDuty[4] = 0;
81                    //UsbIoFamily へ PWM 出力期間送信
82                    uio.ctlPwmDuty();
83                    break;
84                case R.id.btnOnOff:
85                    //UsbIoFamily へ出力チャネルのビット送信
86                    uio.ctlPwmOn((byte)Integer.parseInt(edtOnOff.
   getText().toString(), 2));
87                    break;
88            }
89        }
90
91        //UsbIoFamily コールバッククラス
92        private class UsbCallBack implements UsbIoFamily.Callbacks {
93            //USB 接続イベント
94            @Override
95            public void onUsbConnect() {
96                Toast.makeText(act, "onUsbConnect", Toast.LENGTH_
   LONG).show();
97                // 接続時にボタン有効化
98                btnPeriod.setEnabled(true);
99                btnDuty.setEnabled(true);
100               btnOnOff.setEnabled(true);
101           }
102           //USB 接続失敗イベント
```

```
103              @Override
104              public void onUsbConnectError() {
105                  Toast.makeText(act, "onUsbConnectError", Toast.LENGTH_
     LONG).show();
106                  finish();
107              }
108              @Override
109              //USB 切断イベント
110              public void onUsbDisconnect() {
111                  Toast.makeText(act, "onUsbDisconnect", Toast.LENGTH_
     LONG).show();
112              }
113         }
114     }
```

このプログラムの作りは、USB-IO2.0 の出力プログラムと似た感じになっているぞ。違うのはクリックイベントで押されたボタンの種類ごとに、PWM の設定と USB-FSIO30 への出力をしているところだ。まずは、59 行目からの周期送信ボタンが押されたときの処理を見てみよう。PWM では配列の 0 ～ 4 が出力チャネル 1 ～ 5 と連動しているんだ。

チャネルは 5 つあるから、5 個設定しているんだね。画面で入力した数値を取得したら、数値に変換して変数に入れるんだね。

そう。それと使わないチャネルには 0 をセットしている。そして、69 行目で設定値を送信してイベント待ちだ。

72 行目からの出力期間送信ボタンの処理を見てみると、これも同じだね。チャネルは 5 つあるから、5 個設定しているね。そして、82 行目で設定値を送信してイベント待ちだね。

84 行目からは、どのチャネルを ON にするか OFF にするかをビットで指定して送信。これで PWM が開始されるんだ。

ブー先生、質問。PWM は 3 つ送信したら機能するみたいだけど、出力期間だけの変更とかできるの？

もちろんできるぞ。PWM が開始していれば、周期や出力期間の変更した値を送信するとすぐに変更が反映されるんだ。

なるほど。かんたんにパルスの出力の変更ができるんだね。

Try 3 USB-FSIO30でアナログ入力とPWMとI2C

［9］仕様を確認してみよう！

スマートフォンからのデジタル入出力、アナログ入力、PWMが理解できてきた、たっくんと、みきちゃん。
今回はUSB-IO2.0とUSB-FSIO30の仕様を確認してみます。

● USB-IO2.0とUSB-FSIO30の仕様

今回はUSB-IO2.0とUSB-FSIO30の仕様を確認してみよう。

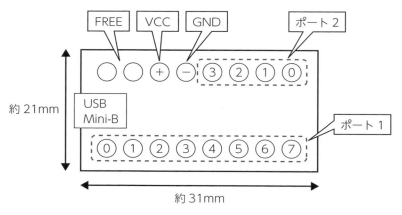

図　USB-IO2.0のピン配置図

表9-1 USB-IO2.0 入出力ピンの一覧

	ポート1	ポート2*
ピン0	D	D
ピン1	D	D
ピン2	D	D
ピン3	D	D
ピン4	D	
ピン5	D	
ピン6	D	
ピン7	D	

＊：内蔵プルアップ利用可能ポート　　D：デジタル入出力ピン

表9-2 USB-IO2.0 の主要諸元

項目	仕様
ベンダー ID	0x1352 (Km2Net)
プロダクト ID	0x0120 (USB-IO2.0、Km2Net 販売) 0x0121 (USB-IO2.0、秋月電子通商販売)
サイズ	約 31mm × 21mm
USB 形状	Mini-B
USB バージョン	2.0、通信速度 12Mbps
処理速度	300Hz 程度 (パソコンの状態や処理方法により速度は変化する。また、入力結果を参照しない場合、1,000Hz 程度での処理が可能)
出力ピン	0～12 ピン (設定により変更)
入力ピン	0～12 ピン (設定により変更)
プルアップ	ポート 2 で利用可能 (設定により変更)
出力電圧	最大 5V
1 ピン出力電流	最大 25mA
全ピン出力電流	最大 80mA
マイコン消費電流	約 15mA
USB 制限電流	100mA
リセッタブルヒューズ	定格 350mA、1.35 Ω
温度条件	－20～75℃、結露しないこと

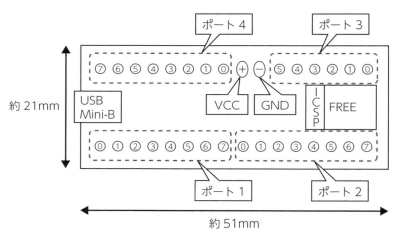

図　USB-FSIO30 のピン配置図

表 9-3　USB-FSIO30 入出力ピンの一覧

	ポート1	ポート2*	ポート3	ポート4*
ピン0	D A1	D SDA	D P1 C2	D
ピン1	D A2	D SCL	D P2	D
ピン2	D A3	D	D P3	D
ピン3	D A4	D	D P4	D
ピン4	D A5	D	D P5	D
ピン5	D A6	D	D C1	D
ピン6	D A7	D		D
ピン7	D A8	D		D

＊：内蔵プルアップ利用可能ポート　　D：デジタル入出力ピン
A1-A8：アナログ入力チャネル　　　　P1-P5：PWM チャネル
C1-C2：カウンタチャネル　　　　　　SDA：I2C 利用時データ信号ピン
SCL：I2C 利用時クロック信号ピン

表 9-4　USB-FSIO30 の主要諸元

項目	仕様
ベンダー ID	0x1352 (Km2Net)
プロダクト ID	0x0111
サイズ	2.0 インチ× 0.8 インチ（約 51mm × 20mm）
USB 形状	Mini-B
USB バージョン	2.0、通信速度 12Mbps
処理速度	300Hz 程度（パソコンの状態や処理方法により速度は変化する。また、入力結果を参照しない場合、1,000Hz 程度での処理が可能）
出力ピン	0 〜 30 ピン（設定により変更）
入力ピン	0 〜 30 ピン（設定により変更）
プルアップ	ポート 2、ポート 4（設定により変更）
A/D 変換	0 〜 8 チャネル（設定により変更）
PWM	0 〜 5 チャネル 66.83 μs 単位の出力（設定により変更）
簡易オシロ	最大 3kHz 程度でアナログ入力（設定により変更）
カウンタ	最大 50MHz　2Ch（PWM と併用不可、設定により変更）
I2C	マスター（100kHz、400kHz、設定により変更）
出力電圧	最大 5V
1 ピン出力電流	最大 25mA
全ピン出力電流	最大 200mA
マイコン消費電流	約 40mA
温度条件	－ 20 〜 75℃、結露しないこと

● USB-IO2.0 や USB-FSIO30 との通信

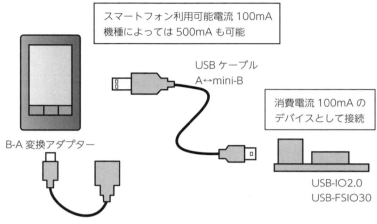

図　USB 接続イメージ

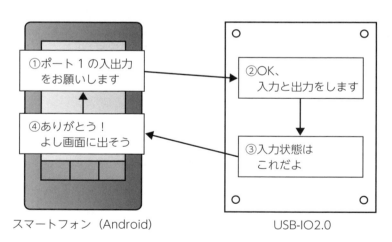

図　通信イメージ

USB-IO2.0 と USB-FSIO30 は通信レイアウトに従った送信データをスマートフォンで生成するんだ（①）。USB-IO2.0 では送られたデータに基づいて処理を行って（②）、データ作成してスマートフォンへ送る（③）スマートフォンでは、受け取ったデータに基づいて処理を行う（④）、といった動作だ。最近のスマートフォンは高性能になってきたから、USB-IO2.0 や USB-FSIO30

とのこうしたやりとりを 1 秒間に数百回もできるんだ。

参照 通信レイアウトの内容は http://km2net.com/usb-fsio/command.shtml を参照してください。

こんなにたくさん通信していたらスマートフォンから送信した命令の結果って、どの命令がどの答えに対応しているかわからなくなりそうね。

いいところに気が付いたね。自分が送信した結果がどれかわかるようにするために、USB-IO2.0 通信レイアウトの 63 バイト目はスマートフォンからのシーケンス（通信内容を識別するための番号）として、送信側が自由に値を入れられるようになっているんだ。返信データの 63 バイト目には、受信時にそのまま値がセットされて返ってくるから、送った命令と受け取った命令の返信データを比較して、どの命令に対する結果を受信したか、わかるようにすることが可能なんだ。でも今回は、このあたりの処理はライブラリがうまく処理してくれるから、安心して使っていいよ。

USB-IO Family 制御ライブラリの設定

Android で USB を制御するのは少し難易度が高いけど、ライブラリを使えばプログラムがかんたんになるよ。ライブラリを使うまでに設定がいくつかあるから、やってみようか。まずはプロジェクトを新規作成してみよう。

Android Studio の最初の画面から「Start a new Android Studio project」を選択だったよね。それから名前を入力して、Minimum SDK は 15 を指定して、Empty Activity を選んで Finish したよ、ブー先生。

次はライブラリをインポートするよ。たっくん、**File > New > New Module...** を選択して。

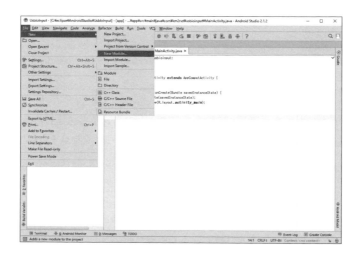

Import .JAR/.AAR Package を選択して、ダウンロードしたファイルの **C:¥src¥AndroidStudio¥lib¥usbiofamily-release.aar** を選択したら Finish。これで、ライブラリのインポートが完了だ。

よし。これで設定終わり？

まだあるぞ。次はライブラリを使えるようにしないとならないんだ。たっくん、**File > Project Structure...** を選択して、左側の app をクリックして。

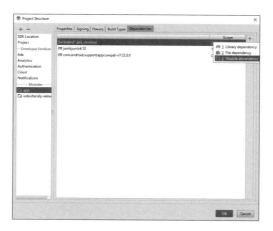

画面上の Dependencies タブを選択するとライブラリの一覧が表示されるから、右上の＋をクリックして「Module dependency」を選択する。インポートしたライブラリの一覧が表示されるから、「usbiofamily-release」を選択して OK。一覧に usbiofamily-release が追加されたことを確認したら OK。これでライブラリの参照設定が完了だ。

よしできた。これで設定完了だよね。

これでライブラリのインポートは完了したんだけど、マニフェストの設定とマニフェストから使う xml ファイルの登録も必要だ。まずエクスプローラーで **C:¥src¥AndroidStudio¥lib¥xml** フォルダーを右クリックしてコピー。次に Android Studio でプロジェクトの一覧を表示して**プロジェクト名 > app > src > main > res** を右クリックして Paste を選択。そうすると Copy ダイアログが表示されるから OK をクリック。

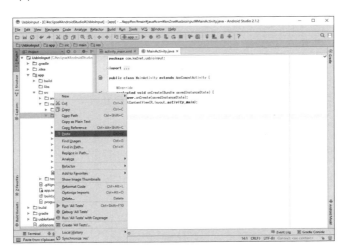

できたよ。これで設定終わり？

最後にマニフェストの登録があるんだ。USB-IO2.0 の接続があった場合のインテント（アプリケーションの呼出し）の指定と、複数のタスクからデバイスを使うと問題があるからシングルタスクの設定は必須だ。あとは画面が回転すると Activity が破棄されて制御が複雑になるので、破棄されない指定を

入れておくと便利だ。

表 9-5　UsbIoFamily 利用時のマニフェスト設定

階層	名前	値／説明
uses-feature	android:name	android.hardware.usb.host USB-HOST 利用可
application 　activity 　　intent-filter 　　　action	android:name	android.hardware.usb.action.USB_DEVICE_ATTACHED USB 接続インテント
application 　activity 　　meta-data	android:name	android.hardware.usb.action.USB_DEVICE_ATTACHED USB 接続許可
	android:resource	@xml/device_filter USB 接続を許可する VendorID と ProductID の一覧
application 　activity	android:launchMode	singleTask シングルタスク
	android:configChanges	orientation | screenSize 回転時に Activity を破棄しない

リスト 9-1　AndroidManifest.xml の例

```
 1  <?xml version="1.0" encoding="utf-8"?>
 2  <manifest xmlns:android="http://schemas.android.com/apk/res/android"
 3      package="com.km2net.usbioinput">
 4
 5      <uses-feature android:name="android.hardware.usb.host" />   ← USB-Host 利用可
 6
 7      <application
 8          android:allowBackup="true"
 9          android:icon="@mipmap/ic_launcher"
10          android:label="@string/app_name"
11          android:supportsRtl="true"
12          android:theme="@style/AppTheme">
13                                                          ← 回転時 Activity を破棄しない
14          <activity android:name=".MainActivity"
15              android:configChanges="orientation|screenSize"
16              android:launchMode="singleTask">   ← シングルタスク
17
18              <intent-filter>
19                  <action android:name="android.hardware.usb.action.USB_DEVICE_ATTACHED" />
```

```
20                    <action android:name="android.intent.action.MAIN"
  />
21
22                    <category android:name="android.intent.category.
   LAUNCHER" />  ← USB 接続インテント
23               </intent-filter>
24               <meta-data android:name="android.hardware.usb.action.
   USB_DEVICE_ATTACHED"
25                    android:resource="@xml/device_filter" />  ←
26          </activity>                                              USB 接続許可リスト
27     </application>
28
29 </manifest>
```

最後にもう1つ説明。設定時にコピーした xml フォルダーには device_filter.xml が入っていて、UsbIoFamily の ID が記されているんだ。マニフェストから、このファイルを指定することで UsbIoFamily が接続された場合のみインテントが発生する仕組みになっているんだ。

リスト 9-2　device_filter.xml

```
 1 <?xmlversion="1.0" encoding="utf-8"?>
 2 <resources>
 3     <!-- 0x1352(4946)    Km2Net
 4          0x0110(272)     USB-FSIO(KIT)
 5          0x0111(273)     USB-FSIO30
 6          0x0120(288)     USB-IO2.0
 7          0x0121(289)     USB-IO2.0(AKI)
 8     -->
 9     <usb-device vendor-id="4946" product-id="272" />
10     <usb-device vendor-id="4946" product-id="273" />
11     <usb-device vendor-id="4946" product-id="288" />
12     <usb-device vendor-id="4946" product-id="289" />
13
14 </resources>
```

ライブラリをインポートしたら参照できるように設定して、マニフェストを更新する必要があるんだね。これでプログラムが作りやすくなるね。

Try 3 USB-FSIO30 でアナログ入力と PWM と I2C

[10] センサーを使ってみよう！

USB-FSIO30 を使うと、電圧計測や
PWM も制御できることが理解できてきた、
たっくんと、みきちゃん。今度はセンサー
の利用に興味が出てきました。センサーの
値の取得に挑戦です。

● さまざまなセンサー

 ブー先生、秋月電子通商のホームページを見ると、いろんなセンサーがある
けど USB-FSIO30 で使えるの？

 もちろん使えるぞ。センサーにはさまざまなタイプのものがあるんだけれど、
大きく分けると 2 つのタイプがある。出力される電圧値から値を計測するタ
イプと、センサーと通信して計測値を取得するタイプだ。電圧値から値を計
測するセンサーは、電圧を計算式に当てはめて計測値を求めるものが多いよ。

 難しい計算は苦手だなぁ。

 あまり難しく考えなくて大丈夫だよ、たっくん。たとえば電子工作でよく使
われている温度センサー LM35DZ は、とてもわかりやすい出力をしてくれ
るセンサーで、温度 1℃に対して 10mV 出力するセンサーなんだ。グラフで
見るとわかりやすいよね。

 仕様では単純に接続するだけで 2 〜 150℃まで測れるようになっているみた
い。

 なるほど。温度 1℃で 10mV なら求まった電圧〔単位：mV〕を 10 で割れば
いいんだね。でも、さっきブー先生がいっていたもう 1 つのセンサーと通信
するタイプのほうは難しそう……。

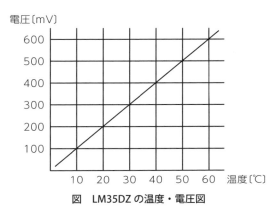

図　LM35DZの温度・電圧図

通信して計測値を求めるセンサーの場合は、通信部分から作ろうと思うと大変だけど、難しいところはUSB-FSIO30と制御ライブラリに任せておけばかんたんに値の取得ができるぞ。

なるほど。かんたんならやってみたいな。ブー先生、通信するセンサーはどんなセンサーを選んだらいいの？

現在センサーでよく使われている通信がI2C（アイ・ツー・シー）なんだ。秋月電子通商のホームページで検索してみるとたくさん出てくるぞ。

検索してみるね。ほんとだ、いろいろあるね。センサーだけじゃなくて小型の液晶モジュールもあるよ。ブー先生、使ってみようよ。

そうだね。温度センサーを使って各センサーの比較表示を液晶にしてみようか。3つの温度センサーLM35DZ、HDC1000、AM2320の値を8×2行の液晶（AE-AQM0802、ピッチ変換キット付き）に表示してみるよ。

● ブレッドボードに配置

それでは温度センサーを3つつないでみようか。LM35DZの出力をJ1-0へ接続、HDC1000、AM2320、液晶はJ2-0にSDA、J2-1にSCLを接続だ。LM35DZは接続を間違えると発熱してしまうから、間違っていないかしっかり確認してブレッドボードに配置してみて。

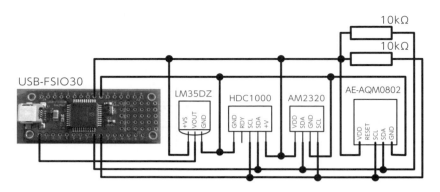

I2Cは数珠つなぎにできるんだね。

そうなんだ。I2Cを使うメリットの1つは、使用するピンが少なくて済むことなんだ。

● USB-FSIO30 の設定

パソコンとUSB-FSIO30を接続したら **C:¥src¥usbioFamily¥USB-IO_Family_Setting32Bit.exe** を起動して、アナログ入力とI2Cの設定をしよう。

表 10-1　USB-FSIO30 設定内容

項目	値
アナログ入力数	8
内蔵プルアップ無効　ポート 2	チェック※
内蔵プルアップ無効　ポート 4	チェックなし
入力ピン設定　ポート 1	11111111
入力ピン設定　ポート 2	00000000※
入力ピン設定　ポート 3	00000000
入力ピン設定　ポート 4	11111111
出力初期値設定　ポート 1	00000000
出力初期値設定　ポート 2	00000000※
出力初期値設定　ポート 3	00000000
出力初期値設定　ポート 4	00000000
PWM	チェック
Oscillo	チェックなし
カウンタチャネル 1	チェックなし
エッジ	High to Low
プリスケーラ	1
カウンタチャネル 2	チェックなし
プリスケーラ	1

I2C に関係があるのは※を付けたところだ。

● センサープログラムの実行

たっくん、Android Studio から **C:¥src¥AndroidStudio¥UsbFsioSensor** を開いて実行してみて。

無線接続を確認して、USB-FSIO30 を接続して実行だよね。あ、液晶に数値が出たよ。これっていまの温度と湿度のようだよ！

 液晶に表示できる文字数は限られているから、湿度の小数点を取ったんだ。1行目はHDC1000、2行目はAM2320の温湿度を表示していて、LM35DZの温度と切替え表示するプログラムになっているよ。

 各センサーの値が少しずつ違っているのが面白いわね。液晶に計測した結果が出ると、本格的な感じがするわ♪

● I2Cの概要

 ところでブー先生。I2Cっていったいどんなものなの？

 Philips社が開発した通信方式で正式な表記はI^{2}C、正式な読み方はアイ・スクエアド・シーなんだ。

いうのがすごく難しいね……。

そう。だから日本ではふつうアイ・ツー・シーと呼ばれていて、記述もコンピューターでは小さい2の表記が難しいからI2Cとすることが多いんだ。I2Cの接続については、プルアップされた信号線2本で接続するんだ。

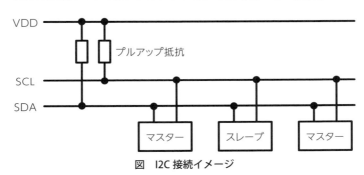
図　I2C接続イメージ

利用するピンが少なくて済むし経済的だけど、どうしてマスターとスレーブは仲良く通信できるのかな？

接続デバイスには親子関係があって、親がマスター、子がスレーブとなっていて、スレーブは7ビットのスレーブアドレスをもっているんだ。マスターはスレーブアドレスを使ってスレーブに呼びかけて、スレーブは自分のアドレスのときのみ応答する仕様になっているから複数接続できるんだ。

なるほど。スレーブアドレスがあるから複数接続しても個別に通信できるんだね。

通信速度は一般的には標準の100kbps、それと高速の400kbpsが利用されているんだ。センサーなどの値は数バイトしかないから、高速通信が必要ないこともあって標準の速度のものが多いね。

そういえばUSBの電圧は5Vだけど、I2Cの電圧はどうなってるの？

デバイスの電圧は5Vまでとなっているから、USB電源でも扱いやすいんだ。あとは通信でデータを取得できるからノイズに強いというメリットも大きい。

センサーも進化しているのね。けど値段は、LM35DZは安かったけど、HDC1000やAM2320は少し高かったわ。

そうだね。センサーの中にI2C通信するための部品も入っているから、少し割高だね。今後もっと普及すると買いやすい価格になるかもしれないよ。

● センサー値液晶表示フローチャート

ではセンサー値を液晶に表示するフローチャートを見ていこう。

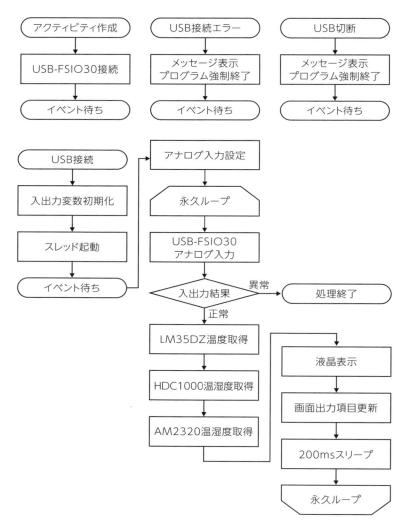

アナログ値入力と同じようにスレッドで値取得をぐるぐる回すんだね。

これには I2C のデータ取得部分が入っていないから、それらもフローチャートにするよ。左は HDC1000 温湿度取得、右は AM2320 のデータ取得フローチャートだ。

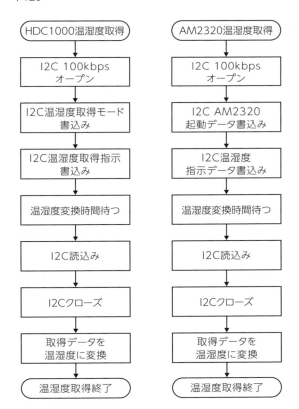

えーと、I2C をオープンして、設定を書き込んで、取得指示を出して、センサーの変換時間を待ってから I2C 読込みするとデータが取れるんだね。

AM2320 は I2C をオープンした後、起動データで起こす必要があるんだ。I2C でデータが取得できるといっても、各センサーの動作は異なるからそれぞれに合わせた処理が必要だ。新しいセンサーを使う場合は、データシートを読んでセンサーの仕様に沿ったプログラムを作る必要があるぞ。
次はいよいよ液晶表示のフローチャートだ。

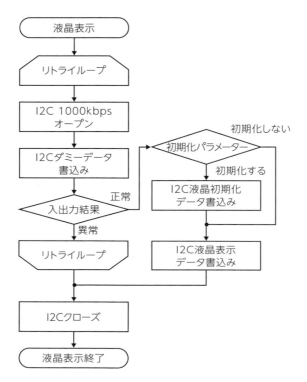

本当に書込み可能な状態であれば、初期化を行うようにしているんだ。液晶の場合、初期化コマンドが多くて少し時間がかかるから、このメソッドを呼び出す側がシンプルになるように、関数内部でリトライして吸収しているんだ。

● USB-FSIO30 センサー値液晶表示プログラムのソース

リスト 10-1　UsbFsioSensor の MainActivity.java

```
 1 package com.km2net.usbfsiosensor;
 2
 3 import android.os.Handler;
 4 import android.support.v7.app.AppCompatActivity;
 5 import android.os.Bundle;
 6 import android.util.Log;
 7 import android.widget.TextView;
 8 import android.widget.Toast;
 9
```

[10] センサーを使ってみよう！   91

```
10   import com.km2net.usbiofamily.UsbIoFamily;
11
12   public class MainActivity extends AppCompatActivity {
13
14       UsbIoFamily uio;                            //UsbIoFamily 制御オブジェクト
15       TextView txvTempAD;                         // 温度センサー AD 変換値
16       TextView txvTempI2c1;                       //I2C センサー値 1
17       TextView txvTempI2c2;                       //I2C センサー値 2
18       MainActivity act;                           // アクティビティ
19       Handler mHandler = new Handler();           // メソッドポスト用ハンドラ
20
21       @Override
22       protected void onCreate(Bundle savedInstanceState) {
23           super.onCreate(savedInstanceState);
24           setContentView(R.layout.activity_main);
25
26           // アクティビティオブジェクト保存
27           act = this;
28           // 画面オブジェクト保存
29           txvTempAD    = (TextView)findViewById(R.id.txvTempAD);
30           txvTempI2c1 = (TextView)findViewById(R.id.txvTempI2c1);
31           txvTempI2c2 = (TextView)findViewById(R.id.txvTempI2c2);
32           //UsbIoFamily 利用開始
33           uio = new UsbIoFamily(this, new UsbCallBack());
34       }
35
36       //UsbIoFamily コールバッククラス
37       private class UsbCallBack implements UsbIoFamily.Callbacks {
38           //USB 接続イベント
39           @Override
40           public void onUsbConnect() {
41               // 接続完了メッセージ表示
42               Toast.makeText(act, "onUsbConnect", Toast.LENGTH_LONG).show();
43
44               // スレッドクラス作成
45               new Thread(new Runnable() {
46                   // スレッド実行処理
47                   public void run() {
48                       try {
49                           // 画面表示用のクラス生成
50                           DisplayData dsp = new DisplayData();
51                           //LCD 表示変数
52                           int lcdCnt = 0;
53                           boolean lcdInit = true;
54                           // アナログチャネル 1 のみ入力
```

```
55                              uio.dataAD[0].Chanel = 1;
56                              uio.dataAD[1].Chanel = 0;
57                              uio.dataAD[2].Chanel = 0;
58                              uio.dataAD[3].Chanel = 0;
59                              uio.dataAD[4].Chanel = 0;
60                              uio.dataAD[5].Chanel = 0;
61                              uio.dataAD[6].Chanel = 0;
62                              uio.dataAD[7].Chanel = 0;
63
64                              // プログラム動作中は常に入力監視
65                              while(true) {
66                                  //UsbIoFamilyへアナログ入力指示
67                                  int ret = uio.ctlADIn();
68                                  // 正常でない場合エラー表示して制御終了
69                                  if (ret != UsbIoFamily.ERR_NONE) {
70                                      Log.d("ctlADIn", "Error:" + ret);
71                                      return;
72                                  }
73
74                                  //LM35DZ 温度取得
75                                  dsp.dADTemp  = uio.dataAD[0].AD *
    (5000.0/1023.0) / 10.0;
76
77                                  //I2C HDC1000 で温湿度取得
78                                  ret = getHDC1000(dsp.dHdc);
79                                  if (ret != UsbIoFamily.ERR_NONE) {
80                                      Log.d("getHDC1000", "Error Skip");
81                                  }
82
83                                  //I2C AM2320 で温湿度取得
84                                  ret = getAM2320(dsp.dAm);
85                                  if (ret != UsbIoFamily.ERR_NONE) {
86                                      Log.d("getAM2320", "Error Skip");
87                                  }
88
89                                  // 表示切替え
90                                  if ((lcdCnt % 20) < 10) {
91                                      //LM35DZ 温度表示
92                                      printLcd(String.format("%.1f",
    dsp.dADTemp) ,
93                                                   "LM35DZ",
94                                                   lcdInit);
95                                  }
96                                  else {
97                                      //HDC1000,AM2320 温度湿度表示
98                                      printLcd(String.format("%.1f %d",
    dsp.dHdc[0], (int)(dsp.dHdc[1]*10.0)),
```

```
 99                                           String.format("%.1f %d",
    dsp.dAm[0],   (int)(dsp.dAm[1]*10.0)),
100                                           lcdInit);
101                                  }
102                                  lcdInit = false;
103                                  lcdCnt++;
104
105                                  //UI スレッドへ処理をポスト
106                                  mHandler.post(dsp);
107
108                                  //200ms 待つ
109                                  Thread.sleep(200);
110                              }
111                       } catch (Exception e) {
112                           e.printStackTrace();
113                           finish();
114                       }
115                 }
116
117                 //HDC1000 温湿度取得
118                 //   data[0]:温度セット
119                 //   data[1]:湿度セット
120                 private int getHDC1000(double data[]) {
121                     try {
122                         int ret;
123                         //I2C 100kbps モードでオープン
124                         ret = uio.ctlI2cMasterOpen((byte)0);
125                         if (ret != UsbIoFamily.ERR_NONE) {
126                             Log.d("getHDC1000", "ctlI2cMasterOpen
    Error:" + ret);
127                             return ret;
128                         }
129
130                         // 設定定義  温湿度取得モード
131                         byte[] setting = {(byte)0x02,(byte)0x10,(b
    yte)0x00};
132                         //HDC1000 ADDRESS 0x40 と Writeビット 0 を結
    合し送信
133                         ret = uio.ctlI2cWrite((byte)0x80,
    setting);
134                         if (ret != UsbIoFamily.ERR_NONE) {
135                             Log.d("getHDC1000", "ctlI2cWrite1
    Error:" + ret);
136                             return ret;
137                         }
138
139                         // 温湿度取得コマンド定義
```

```
140                         byte[] getTemp = {(byte)0x00};
141                         //HDC1000 ADDRESS 0x40 と Write ビット 0 を結
    合し送信
142                         ret = uio.ctlI2cWrite((byte)0x80,
    getTemp);
143                         if (ret != UsbIoFamily.ERR_NONE) {
144                             Log.d("getHDC1000", "ctlI2cWrite2
    Error:" + ret);
145                             return ret;
146                         }
147                         // 温湿度変換時間 6.5 + 6.35 = 12.85ms 以上待つ
148                         Thread.sleep(13);
149
150                         // データ領域確保
151                         byte[] temp = new byte[4];
152                         //HDC1000 ADDRESS 0x40 と Read ビット 1 を結合
    しデータ取得
153                         ret = uio.ctlI2cRead((byte)0x81, temp);
154                         if (ret != UsbIoFamily.ERR_NONE) {
155                             Log.d("getHDC1000", "ctlI2cRead
    Error:" + ret);
156                             return ret;
157                         }
158
159                         // データ温度変換
160                         data[0] = (((temp[0] & 0xff) * 0x100 +
    (temp[1] & 0xff) ) / 65536.0) * 165.0 - 40;
161                         // データ湿度変換
162                         data[1] = (((temp[2] & 0xff) * 0x100 +
    (temp[3] & 0xff) ) / 65536.0) * 100.0;
163                     }
164                     catch (Exception e) {
165                         return UsbIoFamily.ERR_OTHER;
166                     }
167                     finally {
168                         //I2C クローズ
169                         uio.ctlI2cClose();
170                     }
171                     return UsbIoFamily.ERR_NONE;
172                 }
173
174                 //AM2320 温湿度取得
175                 //   data[0]:温度セット
176                 //   data[1]:湿度セット
177                 private int getAM2320(double data[]) {
178                     try {
179                         int ret;
```

```
180                         //I2C 100kbps モードでオープン
181                         ret = uio.ctlI2cMasterOpen((byte)0);
182                         if (ret != UsbIoFamily.ERR_NONE) {
183                             Log.d("getAM2320", "ctlI2cMasterOpen
    Error:" + ret);
184                             return ret;
185                         }
186
187                         //AM2320 起動用ダミーデータ定義
188                         byte[] wakeUp = {};
189                         //AM2320 ADDRESS 0x5C と Write ビット 0 を結合
    し送信
190                         ret = uio.ctlI2cWrite((byte) 0xB8,
    wakeUp);
191
192                         //AM2320 温湿度取得コマンド定義
193                         byte[] TempHumi = {(byte)0x03,(byte)0x00,(
    byte)0x04};
194                         //AM2320 ADDRESS 0x5C と Write ビット 0 を結合
    し送信
195                         ret = uio.ctlI2cWrite((byte)0xB8,
    TempHumi);
196                         if (ret != UsbIoFamily.ERR_NONE) {
197                             Log.d("getAM2320", "ctlI2cWrite
    Error:" + ret);
198                             return ret;
199                         }
200                         //1.5ms 以上待つ
201                         Thread.sleep(2);
202
203                         byte[] temp = new byte[7];
204                         //AM2320 ADDRESS 0x5C と Read ビット 1 を結合
    し送信
205                         ret = uio.ctlI2cRead((byte)0xB9, temp);
206                         if (ret != UsbIoFamily.ERR_NONE) {
207                             Log.d("getAM2320", "ctlI2cRead Error:"
    + ret);
208                             return ret;
209                         }
210
211                         // 温度取得
212                         data[0] = (((temp[4] & 0xff) * 0x100 +
    (temp[5] & 0xff) ) / 10.0);
213                         // 湿度取得
214                         data[1] = (((temp[2] & 0xff) * 0x100 +
    (temp[3] & 0xff) ) / 10.0);
215                     }
```

```
                    catch (Exception e) {
                        return UsbIoFamily.ERR_OTHER;
                    }
                    finally {
                        //I2Cクローズ
                        uio.ctlI2cClose();
                    }
                    return UsbIoFamily.ERR_NONE;
                }

                //LCD ADDRESS 0x3E と Writeビット 0 を結合
                final byte LCD_ADR = (byte)0x7c;

                //LCD表示
                //  line1:1行目データ
                //  line2:2行目データ
                //  bInit:true=初期化を行う
                private int printLcd(String line1, String line2, Boolean bInit) {
                    try {
                        int ret;

                        //液晶書込みできるまでリトライ
                        int retryCnt = 0;
                        final int retryMax = 20;
                        for (retryCnt = 0; retryCnt < retryMax; retryCnt++) {
                            //I2C 100kbpsモードでオープン
                            ret = uio.ctlI2cMasterOpen((byte) 0);
                            if (ret == UsbIoFamily.ERR_NONE) {
                                //ダミーデータを書き込む
                                ret = LcdCmd((byte) 0x00, (byte) 0x00, 0);
                                //正常に書き込めた場合は処理継続
                                if (ret == UsbIoFamily.ERR_NONE) {
                                    break;
                                }
                            }
                            //I2Cクローズ
                            uio.ctlI2cClose();
                            Thread.sleep(1);
                        }
                        //書込みができた場合のみ処理
                        if (retryCnt < retryMax) {
                            //液晶設定
                            if (bInit == true) {
```

```
259                         LcdCmd((byte) 0x00, (byte) 0x38,
1);    //FunctionSet
260                         LcdCmd((byte) 0x00, (byte) 0x39,
1);    //FunctionSet
261                         LcdCmd((byte) 0x00, (byte) 0x14,
1);    //InternalOSC
262                         LcdCmd((byte) 0x00, (byte) 0x78,
1);    //Contrast
263                         LcdCmd((byte) 0x00, (byte) 0x54,
1);    //Power/ICON/Contrast
264                         LcdCmd((byte) 0x00, (byte) 0x69,
200);  //Follower
265                         LcdCmd((byte) 0x00, (byte) 0x38,
1);    //FunctionSet
266                         LcdCmd((byte) 0x00, (byte) 0x0C,
1);    //Display ON/OFF
267                         LcdCmd((byte) 0x00, (byte) 0x01,
1);    //Clear Display
268                     }
269                     //LCD 文字表示
270                     LcdLine(0, line1);
271                     LcdLine(1, line2);
272
273                     //I2C クローズ
274                     uio.ctlI2cClose();
275                     return UsbIoFamily.ERR_NONE;
276                 }
277                 else {
278                     return UsbIoFamily.ERR_OTHER;
279                 }
280             }
281             catch (Exception e) {
282                 return UsbIoFamily.ERR_OTHER;
283             }
284         }
285
286         //LCD コマンド送信
287         //   data1:送信データ 1
288         //   data2:送信データ 2
289         //   afterSleep:送信後待ち時間 (ms)
290         private int LcdCmd(byte data1, byte data2, int afterSleep) {
291             int ret = UsbIoFamily.ERR_OTHER;
292             try {
293                 // コマンド生成
294                 byte[] wrtData = {(byte)data1, (byte) data2};
```

```java
295                        // コマンド送信
296                        ret = uio.ctlI2cWrite(LCD_ADR, wrtData);
297                        // 送信後、指定時間待つ
298                        Thread.sleep(afterSleep);
299                    } catch (InterruptedException e) {
300                        e.printStackTrace();
301                    }
302                    return ret;
303                }
304
305                //LCD 8文字1行送信
306                //   row:0=1行目 1=2行目
307                //   line:表示文字列
308                private int LcdLine(int row, String line) {
309                    // カーソルセット
310                    int ret = LcdCmd((byte) 0x00, (byte) (0x80 +
   row * 0x40), 1);
311                    if (ret != UsbIoFamily.ERR_NONE) {
312                        return ret;
313                    }
314
315                    //8文字表示コマンド生成
316                    byte[] wrtData = ("@" + line + "
   ").substring(0,9).getBytes();
317                    //1行目送信
318                    ret = uio.ctlI2cWrite(LCD_ADR, wrtData);
319                    return ret;
320                }
321
322                // 画面表示ポスト用クラス
323                class DisplayData implements Runnable {
324                    public double dHdc[]= new double[2];     //
   HDC1000 温度 湿度
325                    public double dAm[] = new double[2];     //
   AM2320 温度 湿度
326                    public double dADTemp;                   //
   LM35DZ 温度
327                    public void run() {
328                        // 各温度表示
329                        txvTempAD.setText(String.format("%.2f",
   dADTemp) + "℃ ");
330                        txvTempI2c1.setText(String.format("%.2f℃
   %.2f%",dHdc[0], dHdc[1]));
331                        txvTempI2c2.setText(String.format("%.2f℃
   %.2f%",dAm[0], dAm[1]));
332                    }
333                }
```

```
334                }).start();
335            }
336            //USB 接続失敗イベント
337            @Override
338            public void onUsbConnectError() {
339                Toast.makeText(act, "onUsbConnectError", Toast.LENGTH_
    LONG).show();
340                // 終了
341                finish();
342            }
343            //USB 切断イベント
344            @Override
345            public void onUsbDisconnect() {
346                Toast.makeText(act, "onUsbDisconnect", Toast.LENGTH_
    LONG).show();
347                // 終了
348                finish();
349            }
350        }
351 }
```

今回のプログラムは長いけど、流れは USB-FSIO30 のアナログ入力プログラムと同じようになっているぞ。

そうだね。最初にインポートがあって MainActivity クラスが定義されているのかな。22 行目からの onCreate で初期化して、37 行目からの UsbCallBack クラスの中の onUsbConnect で USB 接続された後の処理を記述しているね。50 行目からは変数の定義と初期化、65 行目から永久ループでアナログ入力しているね。

その通り。75 行目が LM35DZ のアナログ値を温度に変換して、画面表示用クラスの変数に設定している箇所だ。

5000mV ÷（1024 － 1）をアナログ値に掛けて電圧変換した後、このセンサーは 1℃に対して 10mV 出力するから 10 で割っているんだね。あれ？ 5000.0 と小数点が付いているのはどうして？

Java は整数どうしの計算だと、小数点以下が求まらないんだ。だから 5000.0 と記述して小数点以下を計算できるようにしているんだ。

なるほど、よく覚えておこう。78 行目からが HDC1000 のデータ取得だね。getHDC1000 は温度と湿度を変数にセットしてくれるんだっけ？

そうだね。それとエラーの場合でも、ログは出力するけれど処理を継続させているんだ。通信エラーは発生頻度が高いから、失敗したら次回リトライするように継続させているんだよ。

84 行目からの AM2320 のデータ取得も同じようになっているんだね。90 行目からは液晶への表示みたいだけど、この if 文は何をしてるの？

ここでは、液晶画面の表示を切り替えているんだ。(lcdCnt % 20) で 20 で割った余りを求めて、それが 10 未満の場合と 10 以上の場合に分けて表示を切り替えているんだ。

なるほど。こんなやり方もあるんだね。if 文の中は液晶表示の関数だよね。92 行目の LM35DZ の表示で %.1f って何だっけ？

数値を文字に変換する場合に使うフォーマットだ。%.1f は小数点以下 1 桁を表示しなさいという指定になっているんだ。98 行目からが、HDC1000 と AM2320 の値表示で、この書式の %d は整数を文字列に変換という意味。湿度を出しているところだけど、今回使っている液晶には 1 行に 8 文字しか記載できないから、小数点を省くために 10 倍した値を整数で表示しているんだ。

102 行目は変数に false を入れているから、液晶画面の初期化は最初の 1 度だけってことだね。103 行目でカウントアップをしているけど、数値のカウントアップって上限に達したらどうなるの？

Java の場合は一番小さい値に戻るよ。int 型は 32 ビットだから 2147483647 の次は −2147483648 だね。液晶表示の処理でカウントを 0 に戻す処理がないのは、数値がぐるぐる回ってくれるからなんだ。

106 行目が永久ループの最後の処理で、画面表示を依頼した後、109 行目で 200ms 待つのね。ここまでの処理がぐるぐる回っているのね。

では、120 行目からの HDC1000 のデータ取得処理を見てみよう。
このメソッドは、通信結果を戻り値で返して、パラメーターの配列の 0 番目に温度、1 番目に湿度をセットするようになっているんだ。
124 行目からはライブラリの I2C オープンメソッドで、引数 0 を渡して 100kbps モードでオープン。エラー時は通信のエラー値を指定して返す。
131 行目からは設定データの作成で、0x02 は設定コマンド。その次の 0x10 と 0x00 は温湿度取得モードの値だ。

133行目からはスレーブアドレスに書込みビットを結合した値と設定データを、I2Cで書き込んでいる。

スレーブアドレスに書込みビットを結合ってどういうこと？

I2Cではスレーブアドレスとリードライトビットの計8ビットを書き込む仕様になっているんだ。リードライトビットが0の場合は書込み、1の場合は読込みとなっていて、データシートには7ビットで記載されていたり8ビットで記載されていたりする。仕様を確認する場合には注意しておこう。

HDC1000の場合は、2進数で表すと"100 0000"に"0"をくっつけるから、"1000 0000"になるってことだね。

その通り。140行目からは温湿度を取得するコマンド0x00を書き込むところだ。
147行目は温度変換する時間待っているところで、このあたりの情報はデータシートに記載があるぞ。変換に必要な時間が経ったら、151行目で温湿度のデータ保存用のバッファを確保して、153行目でデータ受信だ。

今度は読込みだからスレーブアドレスに1を結合しているんだね。2進数で表すと"100 0000"に"1"をくっつけるから"1000 0001"ってことだね。

I2Cでデータが取得できたら、160行目で取得値を温度に変換だ。HDC1000の場合は0バイト目と1バイト目の2バイトが温度データになっていて、その値を温度に変換するためには65536で割って165掛けて40引く仕様になっているんだ。

表10-2　HDC1000受信レイアウト

バイト	項目
0	温度上位バイト
1	温度下位バイト
2	湿度上位バイト
3	湿度下位バイト

変換が難しいなぁ。162行目の湿度の取得のほうも似た感じだね。

湿度の場合は2バイト目と3バイト目の2バイトが湿度データになっていて、65536で割って100を掛けると求まるぞ。

これで HDC1000 でのデータ取得方法がわかったね。177 行目からの AM2320 も同じ流れだよね。このメソッドも通信結果を戻り値で返して、パラメーターの配列の 0 番目に温度、1 番目に湿度をセットするんだね。181 行目は I2C のオープンで、引数 0 を渡して 100kbps モードでオープンしているね。188 行目からは、センサーの起動かな。

AM2320 は自己発熱を抑えて精度を上げるためにスリープモードになるから、最初にセンサーを起こしてやる必要があるんだ。

なるほど、よく考えて作られているね。193 行目からは温湿度取得。あれ？ 設定はしなくていいの？

AM2320 は特に設定しなくても温湿度を取得できるんだ。コマンドは最初の 0x03 がファンクションコードのレジスタ取得コマンド、次の 0x00 がレジスタの場所、0x04 が取得するバイト長になっているよ。201 行目は変換の待ち時間で、データシートによると変換に 1.5ms かかるから 2ms 待つようにしているんだ。

203 行目からはリードかな。スレーブアドレスとリードビットを結合したものが 0xB9 だね。バッファを 7 バイト確保しているのはどうして？

AM2320 は取得データの先頭にファンクションコード 0x03 とデータ長 0x04 があって、その次に指定したレジスタのデータ 4 バイトが入るんだ。最後に CRC が付いて、計 7 バイトのデータが返ってくる仕様になっているよ。

表 10-3　AM2320 受信レイアウト

バイト	項目
0	ファンクションコード
1	データ長
2	湿度上位バイト
3	湿度下位バイト
4	温度上位バイト
5	温度下位バイト
6	CRC

なるほど、そういうことか。212 行目は取得したデータを温度に変換するところだね。データの 4、5 番目を 10 で割れば温度が求まるんだね。湿度のほうは 214 行目かな。データの 2、3 番目を 10 で割れば求まるんだね。HDC1000 は計算が難しいけど、AM2320 はデータの取得の仕組みが難しくて、

それぞれ特徴があるんだね。

次は233行目からの液晶表示の処理を見てみよう。この処理は、1行目に表示する文字列と、2行目に表示する文字列、さらに初期化するかどうかのフラグを渡して、液晶表示するようになっている。238行目からの処理は最大20回リトライを行うループになっている。ループの中の242行目ではI2Cオープンして、ダミーのコマンドが送れるかどうかを確認しているんだ。

245行目のLcdCmdが成功したら、for文を抜けているね。LcdCmdは何をしているの？

LcdCmdではパラメーターのデータを液晶に書き込み、パラメーターで指定された時間スリープしているんだ。液晶にコマンドを書き込んだ後は処理している間、待つ仕様になっている。書き込めることが確認できたら、初期化する場合は259行目からの初期化コマンドを連続して送信するんだ。

コマンドがいろいろあって難しいね……。

データシートに詳細があるから見てみるといいよ。調整が必要になる項目としてはコントラストぐらいかな。データシートを見てみると、Contrast 0x78の下4ビットがコントラストの下4ビット、Power/ICON/Contrast 0x54の下2ビットがコントラストの上位2ビットになるんだ。一般的には同じコマンドで液晶表示可能だから、5Vで利用するならそのまま利用できると思うよ。
270行目から文字表示処理で、パラメーターで受け取った1行目と2行目の文字を表示しているんだ。274行目からはI2Cをクローズして処理終了。

LcdLineの処理はどうなっているの？

この処理は、表示行と文字列を受けて液晶に書込み処理しているんだ。
310行目がカーソルの位置をコマンドでセットしている。LcdCmdに渡す2番目のパラメーターの0x80がカーソルセットのビットで、0x40が1行目か2行目かを表すビットになっているから、LcdLineのパラメーターのrowに0x40を掛けたものを加算しているんだ。
316行目が文字列をコマンドに変換しているところで、先頭の@はASCIIコード0x40文字表示コマンドだよ。

なるほど。それで "@" とスペースを結合して、8 文字分のデータを作って byte 変換しているんだね。318 行目からは作った文字列を送信して処理を終了しているんだね。
323 行目からは画面表示を依頼するクラスだね。このクラスには温湿度の変数が定義してあるね。

そう。これらの温湿度の変数に値を入れてもらってから、run メソッドを実行してもらう仕組みになっているんだ。だから 327 行目からの run メソッドの中では値を表示しているだけだ。

こんな仕組みになっていたんだね。今回のソースコードは長かったけど、ひとつひとつはかんたんだったよ。センサーや液晶が自由に使えるとわくわくするね。

PART 2

FlashAirでかんたん！ワイヤレス電子制御

Try 4 FlashAir の準備　　　　　　　　　　　　　　106
[11] FlashAir を初期化してみよう！..106
[12] 無線の動作確認をしてみよう！..115
[13] Lua スクリプトを使ってみよう！..119
[14] ステーションモードで開発してみよう！..................................128

Try 5 FlashAir DIP IO ボードで電子制御　　　　　139
[15] 無線で LED を点灯してみよう！..139
[16] 温湿度センサーを使ってみよう！..145
[17] 液晶に表示してみよう！..153
[18] スイッチ監視してみよう！..158

 FlashAir の準備

［11］FlashAir を初期化してみよう！

USB 接続での電子制御が理解できてきた、
たっくんと、みきちゃん。
ここからは FlashAir に挑戦です。

● 第 3 世代 FlashAir

 今度はお家の中のいろんな場所にセンサーを設置していろんな情報を集めてみたいなぁ。

 スマートフォンに USB-IO2.0 を接続すればいろいろなものが制御できることがわかったけど、いろんなところにセンサーを設置しようと思うと配線が大変だね。ブー先生、無線でできないかなぁ。

 たっくん、みきちゃん、デジカメなどに利用されている SD カードは知っているかな？

 知っているよ。パソコンに挿して写真を取り込んだことがあるよ。けど SD カードはデータを保存できるだけだよね？

 だけど、その SD カードに無線 LAN 機能を搭載しているものがあるんだ。

 あの小さなカードにそんな機能が付いているなんてすごーい。

 しかも、その SD カードには Web サーバーの機能もあって、プログラム（スクリプト）を動かすことができるんだ。

 SD カードが超小型のコンピューターになったってことだよね。

ということは、そのSDカードでセンサーの値を取得して、無線LANでデータを送ることができるってことかしら。

そうなんだ。秋月電子にも売っているよ。これが東芝のFlashAir。

ほんとだ。制御機能にWebサーバー、スクリプト言語（Lua）、PIO、SDの読書きなどって書いてあるわ。

このFlashAirには3世代あって、第3世代のFlashAirでLuaっていうスクリプト言語が利用できるようになったんだ。ネットワーク経由で直接フォルダーを読書きできるWebDAV機能が追加されて利用用途がぐっと広がったよ。

でも、このカードだけじゃ動かないよね。どうやって使うの？

FlashAirをコンピューターとしてかんたんに使うためにFlashAir DIP IOボードキットが販売されているからこれを使うと便利だよ。

Try4 ● FlashAir の準備

なるほど。これに挿せば FlashAir がコンピューターとして利用できるのか。でも電源はどうするの？

電源は電池も使えるけど、家の中で使うならスマートフォンの充電器と USB コネクター DIP 化キットを使えば便利だ。

もっている USB ケーブルのコネクターに合わせて USB コネクター DIP 化キットを用意するといいぞ。

これで部品はそろったわね。ブー先生、早く動かしてみましょうよ♪

[11] FlashAir を初期化してみよう！　109

● FlashAir ツールのインストール

FlashAir を用意したわ。この Windows 10 のパソコンには無線 LAN と SD カードスロットも付いているし、もう使える？

機器の準備は OK だね。FlashAir は利用する前に初期化が必要だからツールをダウンロードしよう。みきちゃん、ここを開いてみて。

http://www.toshiba-personalstorage.net/support/download/flashair/index_j.htm

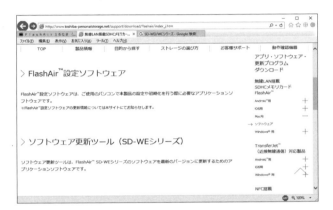

FlashAir 設定ソフトウェアをダウンロードして、あとソフトウェア更新ツールがあるわ。ソフトウェア更新ツールはいくつもシリーズがあるけど、どれを選べばいいの？

第 3 世代の FlashAir は WE シリーズのソフトウェア更新ツールをダウンロードしよう。みきちゃん、インストールしてみて。

ダウンロードした FlashAirFWUpdateToolV3_v30001.exe を実行して、どんどん進めばインストールできたわ。

インストールできたら、FlashAir のバージョンを最新にするために実行してみよう。

FlashAirFWUpdateToolV3.exe を実行して、不要なものを外して不要なアプリケーションを終了して、「OK」を選択。

 次は FlashAir を SD カードスロットに挿して、ドライブを選択して「更新」を押すのね。

 確認画面で「OK」を選択。

 ハードウェアを安全に取り外して 5 秒待つのね。

 取り外して FlashAir を再挿入するとアップデートがはじまったわ。

 アップデートが終わったらハードウェアを安全に取り外して5秒待つのね。

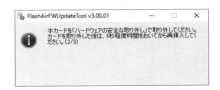

 取り外してFlashAirを再挿入するとまたアップデートがはじまったわ。終わったら、またハードウェアを安全に取り外して5秒待つのね。

 取り外してFlashAirを再挿入するとまたまたアップデートがはじまって今度は終了したよ。

 では次に、FlashAir設定ソフトウェアをインストールしよう。

 ダウンロードしたFlashAir.exeを実行して次々進めばインストールできたわ。

● FlashAir ツールで初期化

 次は FlashAir の初期化をしよう。みきちゃん、FlashAir を挿して FlashAirTool を起動して。

 ようこその画面が出たから、「次へ」を押すと、ネットワークの設定ね。SSID って何を入れたらいいの？

 ワイヤレスネットワークの一覧に表示される名前だよ。わかりやすい名前がいいね。

 じゃあ、「flashair」にして、パスワードは「12345678」でこの先に進むわ。どんどん進むと FlashAir の入替えね。

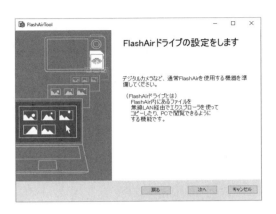

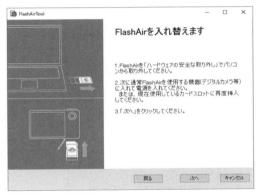

ハードウェアを安全に取り外して、今度は「通常 FlashAir を使用する機器（デジタルカメラ等）に入れて電源を入れてください。」とあるけどデジカメは利用しないから、いま使用しているカードスロットに再度挿入して次に進むね。設定が終わったら次々進めば完了ね。

もう 1 つ、初期値は無線 LAN の電源自動 OFF の設定が短いから、「無線 LAN 起動モード」の「自動起動のタイムアウト設定」をとりあえず 30 分にしておこう。

● FlashAir ツールの初期化失敗対策

みきちゃん、うまく完了したね。FlashAir ツールの初期化については使っている機種や SD カードスロット、セキュリティソフトの設定によって、設定中の画面でデバイスを見つけるのに失敗する場合があるんだ。

もしも設定中に上記の画面が出たとしても、設定ファイルは書き換えられているからキャンセルして完了するといいよ。

● FlashAir ツールで再度初期化手順

使っているうちに動作しなくなった場合などは、再度初期化して、やり直してみるのも FlashAir での開発のポイントなんだ。FlashAir はパソコンと違って、画面で確認しながらのデバッグも難しいからね。

それと FlashAir を Windows が認識したときに修復が必要なメッセージが出たときは、必ずバックアップをとってから行うんだ。データが使えなくなってしまうからね。初期化する場合は FlashAir ツールから「カードの初期化・設定変更」を選べば初期化できるぞ。

Try 4　FlashAir の準備

[12] 無線の動作確認をしてみよう！

FlashAir の初期化ができた、たっくんと
みきちゃん。
今回は無線での動作を確認します。

● FlashAir と無線接続

ブー先生、初期化ができたから早速使ってみたいよ。

そうだね。まずは動作確認してみよう。FlashAir が確実に動作する環境を用意してあげることが、開発時のポイントなんだ。

電源をつなげば動くんじゃないの？

たしかにその通りなんだけれども、無線通信は電気をたくさん使うから安定して電気を供給できないと、FlashAir の無線が起動できないことがあるんd。開発しているときは、FlashAir が起動しない原因が電源によるものなのか、設定なのか、プログラムなのか、スイッチなどの接続なのかがすぐにはわからないからね。まずは、パソコンの SD カードスロットに挿してみよう。10秒〜2分ぐらい待つと、ワイヤレスネットワークの一覧に初期化で指定した SSID が表示されるぞ。

よかった。出てきたわ。

 じゃあ、接続してみよう。

 「flashair」と表示されているところをクリックして接続ね。パスワードを入れて……。つながった！ よかったぁ。

 次はブラウザーで確認するよ。ブラウザーを起動して、**http://flashair/** とアドレスに入力しよう。

 フォルダーが出てきたわ。これってFlashAirのファイルとフォルダーね。ブラウザーで中が見られるなんてすごーい。

 パソコンのSDカードスロットだと問題なく無線が動くことを確認できたね。

● FlashAir ブレッドボード起動

それでは、次にブレッドボード上で起動させてみよう。たっくん。この回路図をもとに配置してみて。

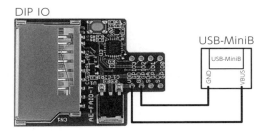

DIP IO ボードと USB コネクター DIP 化キットの電源をつなぐだけでかんたんだね。

では、みきちゃん。今度は DIP IO ボードのスロットに FlashAir を挿して、スマートフォンの充電器と USB コネクターを USB ケーブルで接続してみて。

挿して、少し待つとワイヤレスネットワークの一覧に出てきたわ。ブラウザーで開くとちゃんと中も見られるね。

今回用意したスマートフォンの充電器からは無事に給電できているみたいだね。もしも接続がうまくいかない場合は、ワイヤレスネットワークの一覧にSSID のキャッシュが残っている可能性があるから**設定＞ネットワークとインターネット＞アダプターのオプションを変更する＞ワイヤレスネットワーク＞無効にする**でワイヤレスネットワークをいったん無効にしておいて。

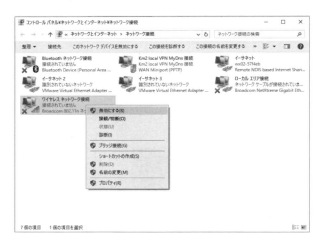

 FlashAirの電源を切っておいてから、ワイヤレスネットワークを有効に戻して、FlashAirの電源を入れて確認してみよう。SSIDはすぐに表示される場合もあれば少し待つと出てくることもあるから、2分ぐらい待ってみよう。

 それでもダメだったらどうすればいいの？

 SSIDが表示されない場合は、電圧や電流が不足していたり電源が不安定だったりすることがおもな原因でFlashAirの無線が起動していない可能性が高いんだ。なので、5VがちゃんとDIP IOボードまで届いているか確認したり、スマートフォンの充電器を変更してみたり、電子部品が載っているなら外してみたりして確認するといいよ。USBコネクターDIP化キットには安全装置のポリスイッチが付いていて、少し抵抗があるからこれを無効化すると安定動作することもあるんだ。下図のように、ポリスイッチを迂回するケーブルを追加して確認してみてもいいぞ。

 うまく動作しない場合は電源関係を確認するようにしてみるわね。

Try 4 FlashAir の準備

[13] Lua スクリプトを使ってみよう！

FlashAir の無線動作確認ができた、
たっくんとみきちゃん。
Lua スクリプトに触れてみます。

● Lua スクリプトの動作確認

 ブー先生、もう準備はできたよね。FlashAir で何か動かしてみたいな。

 そうだね。初期化のところでも話したけど FlashAir では Lua っていうスクリプト言語が動くから、まずはそれを動かしてみようか。サンプルプログラムを FlashAir にコピーするよ。みきちゃん、FlashAir をパソコンの SD カードスロットに挿して、**C:¥src¥flashair¥lua** フォルダーを SD カードのドライブにコピーして。

 ファイルをコピー完了。無線もつながっているわよ。

 では、**http://flashair/lua/hello.lua** をブラウザーから開いてみよう。

ブラウザーにいろいろ出ているわ。これは Lua スクリプトが動いて結果がブラウザーに表示されたってことよね。SD カードが Web サーバーになっているのね。ほんとにすごいわ。でも Lua スクリプトっていったいどんな言語なんだろう。

● Lua の概要

Lua はコンパクトで高速に動作するスクリプト言語で、インタープリター方式で動作するんだ。MIT ライセンスのもとで配布されているよ。MIT ライセンスは無償で利用できるライセンス体系の 1 つで、この言語はブラジルのリオデジャネイロ・カトリカ大学で設計開発されたんだ。Lua の名前の由来はポルトガル語で月を意味していて、ロゴマークは地球を周っている月を表現しているよ。

Lua って知らなかったけど無償だなんてすごいわ。どんなものに採用されているの？

コンパクトで高速という特徴から組込み機器やゲーム関係で多く採用されているんだ。Lua はとてもシンプルだから、理解しやすいよ。命令の数もあまり多くないしすぐに慣れると思う。

じゃあ、さっきのサンプルソースがどんなふうになっているか教えて。

Lua はちょっとマイナーだから Java よりも少し詳しく解説するよ。

● Lua プログラム解説

それでは、メモ帳で SD カードの ¥lua¥Hello.lua を開いてみて。

Android の開発のときみたいにインストールするものはないの？

インストールしなくても大丈夫だよ。ソースを解読しながら実行してくれるからコンパイルも必要ないんだ。

リスト 13-1　Hello.lua

```lua
1   --[[
2       タイトル：Luaスクリプトを使ってみよう！
3       プログラム名：Hello.lua
4       作成者：たっくん
5       作成日：
6       コメント：
7   ]]
8
9   -- 表示
10  print("Hello Lua<BR>")
11
12  -- 計算
13  print("1 + 2 = " .. 1 + 2 .. "<BR>")
14  print("5 / 3 = " .. 5 / 3 .. "<BR>")
15  print("5 % 3 = " .. 5 % 3 .. "<BR>")
16  print("(1 + 2) * 3 / 4 ^ 5 = " .. (1 + 2) * 3 / 4 ^ 5 .. "<BR>")
17
18  -- 切捨て　四捨五入　小数表示
19  print("5 / 3 truncate = " .. string.format("%d", 5 / 3) .. "<BR>")
20  print("5 / 3 round = " .. string.format("%d", 5 / 3 + 0.5) ..
    "<BR>")
21  print("5 / 3 format = " .. string.format("%06.3f", 5 / 3) ..
    "<BR>")
22
23  -- 変数
24  hello="Hello!!"
25  print(hello .. "Length:" .. #hello .. "<BR>")
26
27  -- パラメーター
28  if arg[1] ~= nil then
29      print("URL Parameters=" .. arg[1] .. "<BR>")
30  end
31
32  --arg内容参照
33  for key, val in pairs(arg) do
34      print("arg[" .. key .. "]=" .. val .. "<BR>")
35  end
36
37  -- テーブル
38  tbl = {"table", "sample"}
39  table.insert(tbl, "add")
40  table.sort(tbl)
41
42  for i = 1, table.maxn(tbl) do
43      print(tbl[i] .. "<BR>")
```

```
44      end
45
46      -- ファイル出力
47      f = io.open ("/lua/test.txt", "w+")
48      f:write("file write OK!")
49      f:seek ("set", 0)
50      print(f:read("*l") .. "<BR>")
51      io.close(f)
```

では先頭からプログラムを見てみよう。まずはコメントからだね。--[[から]] でくくられている場所はコメントになるんだ。-- だと、その行だけコメントになる。

次は見覚えがある命令ね。文字列を表示しているのよね？

```
print("Hello Lua<BR>")
```

そう。ブラウザーに文字列を渡しているんだ。HTML だから
 を付けて改行しているんだ。それと命令の終わりには何も付けなくて大丈夫だぞ。

次は足し算した結果を結合して表示しているのね。

```
print("1 + 2 = " .. 1 + 2 .. "<BR>")
```

そうだね。.. は文字列結合しているんだけど、Lua は変数の型を意識する必要がないから足し算した結果をそのままくっつけられるんだ。

次は、割り算しているんだけどブラウザーには 5 / 3 = 1.6666666666667 って出てたわ。

```
print("5 / 3 = " .. 5 / 3 .. "<BR>")
```

Lua は変数の型を意識する必要がないから割り切れなければ小数を自動的にもってくれるんだ。

次は、余りの計算ね。

```
print("5 % 3 = " .. 5 % 3 .. "<BR>")
```

次は、ブラウザーには (1 + 2) * 3 / 4 ^ 5 = 0.0087890625 って出ていたわ。最後に割り算がされるのね。

```
print("(1 + 2) * 3 / 4 ^ 5 = " .. (1 + 2) * 3 / 4 ^ 5 ..
"<BR>")
```

Luaも計算順序は、他のプログラミング言語と同じだ。

表13-1 算術演算子

計算優先順位	演算子	説明
1	^	累乗
2	*	乗算
2	/	除算
2	%	剰余
3	+	加算
3	-	減算

次は、string.format って関数で文字列に変換しているのね。

```
print("5 / 3 truncate = " .. string.format("%d", 5 / 3) ..
"<BR>")
```

それと%dは整数変換。もう1つ付け加えると、FlashAirには数学関数がないから、小数点以下を切り捨てる場合は、いったん文字列に変換しないとならないよ。

へー。そうなんだ。じゃあ四捨五入は、次のように0.5足すのね。

```
print("5 / 3 round = " .. string.format("%d", 5 / 3 + 0.5) ..
"<BR>")
```

次は小数点の書式ね。

```
print("5 / 3 format = " .. string.format("%06.3f", 5 / 3) ..
"<BR>")
```

%06.3fは「全体が小数点を含め6文字、小数点以下が3文字、桁が足らない場合は前に0を付ける」という意味だよ。

次は変数の定義だわ。型が自動だからそのまま変数名に入れるだけでいいのね。

```
hello="Hello!!"
```

次は、変数を表示しているみたいだけど # が付いているのは何かしら？

```
print(hello .. "Length:" .. #hello .. "<BR>")
```

Lua では変数の前に # を付けると、文字列の長さが求められるんだ。

そうなんだ。便利かもね。次は if 文になっている。~= って何かしら？

```
if arg[1] ~= nil then
    print("URL Parameters=" .. arg[1] .. "<BR>")
end
```

~= は Not Equal ってことなんだ。Lua では比較演算子が以下のようになっているぞ。

表 13-2　比較演算子

比較	説明
a == b	a と b が等しい
a ~= b	a と b が等しくない
a > b	a が b より大きい
a < b	a が b より小さい
a >= b	a が b 以上
a <= b	a が b 以下

それと、何も入っていない状態は Lua では nil という文字で表すんだ。arg は実行パラメーターなんだけど、今度は **http://flashair/lua/hello.lua?aaa=1&bbb=2** というように URL に "?" と変数を付けてブラウザーで表示してみて。

今度は arg[1] に値が入ったから if 文の中を通ったみたい。URL Parameters=aaa=1&bbb=2 ってブラウザーに表示されたわ。URL パラメーターは arg[1] に入るのね。

次は for 文。arg の中身を表示しているんだ。

画面上には arg[-1]=lua、 arg[0]=/lua/hello.lua と表示されていたけどどうして？

```
for key, val in pairs(arg) do
    print("arg[" .. key .. "]=" .. val .. "<BR>")
end
```

URL パラメーターを付けると、arg[1] に内容が自動的にセットされるんだ。まず、pairs(arg)。これは arg テーブルのすべての要素を取得する指定だ。for 文の変数 key は for 文の中だけで使える変数で、この場合テーブルのキーの値がセットされるんだ。そして for 文の変数 val はテーブルの値が入り、do ～ end の間を繰り返すんだ。

なるほどね。テーブルのキーには－ 1 も指定できるんだね。

そうだね。arg テーブルは起動時、－ 1 に lua、0 にファイル名、1 に URL パラメーターがセットされるんだ。

次は、テーブルの定義ね。

```
tbl = {"table", "sample"}
```

次は、table.insert 命令で、文字列を追加しているのね。

```
table.insert(tbl, "add")
```

次は、table.sort 命令で並び替えしているのよね。テーブルを扱うのはかんたんだわ。

```
table.sort(tbl)
```

次はテーブルの中に入っているものを表示しているみたいだけど、今度の for 文は、1 ～テーブルの要素の数だけループするってことね。

```
for i = 1, table.maxn(tbl) do
    print(tbl[i] .. "<BR>")
end
```

1 つ補足。Lua のテーブルのキーは文字でも可能だけれど、数値のキーは 1 はじまりなんだ。

次はファイルのオープンね。SD カードの中がこれで読書きできるのね。ファイル名の次は、書込みモードよね？

```
f = io.open ("/lua/test.txt", "w+")
```

ファイルのモードは C 言語と同じで、以下のようになっているぞ。

表 13-3　ファイル open モード

モード	説明
"r"	読込みモード (デフォルト)
"w"	書込みモード
"a"	追記モード
"r+"	更新モード (以前のデータは消えない)
"w+"	更新モード (以前のデータはすべて消える)
"a+"	追記更新モード (以前のデータは消えない)

次は書込みね。open の戻り値を使って書き込んでいるみたいだけど、コロンは何かしら？

```
f:write("file write OK!")
```

Lua は軽量ながらもオブジェクト指向プログラミングをサポートしているんだ。open の戻り値はオブジェクトになっているから、戻り値を使って write メソッドを実行しているってわけだ。

Lua って本当にすごいのね。次は seek でファイルのアクセスポイントを先頭に戻して読み込んでいると思うんだけど、*l って何かしら？

```
f:seek ("set", 0)
print(f:read("*l") .. "<BR>")
```

read の場合モードが 3 種類あるんだ。

表 13-4　ファイル read モード

モード	説明
"*n"	数値を読み込む
"*a"	現在の位置から、残りのファイル全体を読み込む
"*l"	次の行を読み込む (行末文字は飛ばす)

なるほど。ここでは 1 行読んで出力しているのね。次は、ファイルのクローズね。

```
io.close(f)
```

FlashAirでファイルを書き込む場合は、1つ注意が必要なんだ。FlashAirを単独のコンピューターとして利用している場合、ファイル書込み中に電源が切れたりSDカードが抜かれたりすることがあるんだ。そうなるとファイルが壊れることがあるから常にファイルを書き込むプログラムにしないのもFlashAirでプログラムを作るコツなんだ。できるだけ短時間に必要なときだけファイルに書き込むようにしよう。

Lua独特の書き方は慣れそうだし、プログラムを読むのは難しくなかったし、これなら私もプログラムできそう♪

Try 4　FlashAir の準備

［14］ステーションモードで開発してみよう！

FlashAir で Lua スクリプトを動かすことができた、たっくんとみきちゃん。
今度は FlashAir の無線環境をどうすればよいのか気になってきました。

● **無線環境**

 ブー先生、いま使っている Windows 10 のパソコンとインターネットは無線でつながっているんだよね？

> 利用可能な OS は、こちらを参考にしてください。
> http://www.toshiba-personalstorage.net/support/download/flashair/index_j.htm

 そうだね。いまは次ページの上側の図のようにつながっているぞ。

 ONU って何だっけ？

 ONU は光回線終端装置といって、LAN の電気信号と光信号とを変換する装置なんだ。

 そういえば FlashAir とパソコンを接続した場合はインターネットにつながらなかったんだけど、どうして？

 さっき実験したネットワーク環境は下側の図のようになるんだ。

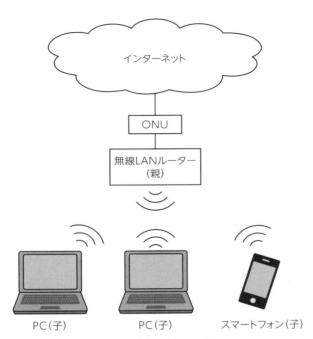

図　現在のネットワーク構成

図　FlashAirと接続した場合のネットワーク構成

 インターネットとの接続がなくなっているよ？

 そうなんだ。先ほど実験で使ったネットワーク構成は、アクセスポイントモードといって、FlashAirが無線LANの親機になるんだ。

 それじゃあインターネットにはつなぐことはできないの？

 そんなことはないぞ。インターネット同時接続機能という機能もあって、インターネットにも接続できるんだ。だけどそれだと少し問題があって、1つ

は電波が届く範囲が無線 LAN ルーターのほうが広いんだ。もう 1 つは複数 FlashAir を使ったり、パソコンからスマートフォンを使うときに、困るよね？

そうか。無線 LAN は親子関係があるから FlashAir が親になると不便だね。でもどうすればいいの？

そこで、ステーションモードの登場だ。ステーションモードにすると、ネットワーク構成はこうなるんだ。

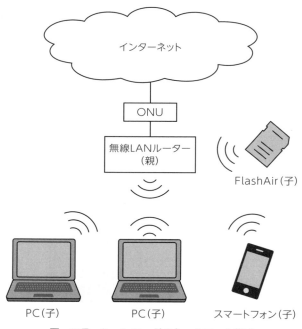
図　ステーションモードのネットワーク構成

FlashAir が無線 LAN ルーターの子になっているよ。

そうなんだ。だからパソコンから、インターネットもスマートフォンも FlashAir も全部アクセスできるんだ。

これなら、FlashAir が複数台あっても大丈夫ね。でも FlashAir ツールにそんな設定あったかしら？

FlashAir には設定ファイルがあって、手入力で修正することでより細かな設定が可能になるんだ。

● ステーションモード設定

FlashAir の設定ファイルは **¥SD_WLAN¥CONFIG** で隠しファイルになっているから、エクスプローラーで隠しファイルが見られるように設定を変更するよ。**表示＞オプション**から「フォルダーオプション」を開いて「表示」タブの詳細設定内にファイルとフォルダー表示の項目があるから隠しファイルを表示する設定をしよう。

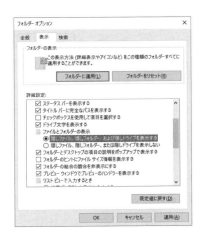

みきちゃん、メモ帳で **¥SD_WLAN¥CONFIG** を開いてみて。

リスト 14-1　CONFIG

```
 1  [Vendor]
 2
 3  CIPATH=/DCIM/100__TSB/FA000001.JPG
 4  APPMODE=4
 5  APPNETWORKKEY=********
 6  VERSION=FA9CAW3AW3.00.01
 7  CID=02544d535731364731d8b6e37900f601
 8  PRODUCT=FlashAir
 9  VENDOR=TOSHIBA
10  APPSSID=flashair
11  LOCK=1
```

```
12  WEBDAV=1
13  TIMEZONE=36
14  APPAUTOTIME=1800000
```

これだけ見てもわかりにくいから、設定項目の説明を見てみよう。

https://flashair-developers.com/ja/documents/api/config/

さすが日本製。ドキュメントが日本語だとありがたいね。

設定内容にコメントを付けるとこうなる。

```
[Vendor]
# 無線起動画面のパス
CIPATH=/DCIM/100__TSB/FA000001.JPG
# 無線LANモード　アクセスポイントモード          ※1
APPMODE=4
# ネットワークセキュリティキー                   ※2
APPNETWORKKEY=********
# ファームウェアバージョン
VERSION=FA9CAW3AW3.00.01
# カードID
CID=02544d535731364731d8b6e37900f601
# 製品コード
PRODUCT=FlashAir
# ベンダーコード
VENDOR=TOSHIBA
# ネットワークSSID                              ※3
APPSSID=flashair
# 初期設定済みフラグ
LOCK=1
# FlashAirドライブ（WebDAV）機能の有効化         ※4
WEBDAV=1
# タイムゾーン＋9時間 （9(h)×4(15m)=36）
TIMEZONE=36
# 接続タイムアウト時間                           ※5
APPAUTOTIME=1800000
```

この中で注目すべき箇所に※を付けたぞ。かんたんなところからいくと、APPAUTOTIME（※5）は、無線の接続タイムアウトだけど無線は常に起動していてほしいから0を指定しよう。ステーションモードの場合は、タイムアウトにならないので不要だ。次はWebDAVの設定。WebDAVはWeb-based Distributed Authoring and Versioningの略で、Web経由でファイルの制御ができる機能なんだ。

へー、便利な機能だね。できあがったものを、どこかに設置した後でも無線でプログラムが書き込めるね。

表14-1　WEBDAVモード一覧

モード	説明
0	FlashAirドライブ機能無効
1	FlashAirドライブ機能有効 (リードオンリーモード)
2	FlashAirドライブ機能有効 書込みを有効にするには、CONFIGファイルにUPLOAD=1を設定する

ファイルの読書きがしたいから、モードを2にしてUPLOAD=1を設定に追加するといいってことね。

そうだね。次はAPPMODE（※1）、これで無線LANのモードを決定するんだ。

表14-2　APPMODEモード一覧

モード	説明
0	「無線起動画面」のライトプロテクト解除操作で無線LAN機能を起動する。無線LANモードはAPモード
2	「無線起動画面」のライトプロテクト解除操作で無線LAN機能を起動する。無線LANモードはSTAモード
3	「無線起動画面」のライトプロテクト解除操作で無線LAN機能を起動する。無線LANモードはインターネット同時接続モード（ファームウェア2.00.02以上）
4	カード電源投入時に無線LAN機能を起動する。無線LANモードはAPモード
5	カード電源投入時に無線LAN機能を起動する。無線LANモードはSTAモード
6	カード電源投入時に無線LAN機能を起動する。無線LANモードはインターネット同時接続モード（ファームウェア2.00.02以上）

APモード：アクセスポイントモード　　STAモード：ステーションモード

ステーションモードが2と5にあるわね。どっちがいいのかしら？

今回、単独で起動して電子部品と接続したいから、何の条件もなくステーションモードになってもらいたいんだ。だからAPPMODEは5がいいね。

ステーションモードってパソコンと同じようにネットワークの設定が必要になるの？

そうなんだ。ステーションモードになると、無線LANに接続するために、SSIDとパスワードが必要になるんだ。それとIPアドレスを固定しないと

FlashAir のアドレスが何番かわかりにくいからね。ステーションモードの変更箇所はこうなるぞ

```
# 無線 LAN モード　アクセスポイントモード
APPMODE=5
# ネットワークセキュリティキー
APPNETWORKKEY=abcdefg
# ネットワーク SSID
APPSSID=wx02-57f4eb
```

ご利用の無線 LAN 環境に合わせて SSID とネットワークセキュリティキーを指定してください。

IP アドレスの指定は、初期値には記述がないから最終行に以下の追加が必要だ。

```
[WLANSD]
#DHCP 無効
DHCP_Enabled=NO
#IP アドレス
IP_Address=192.168.179.101
# サブネットマスク
Subnet_Mask=255.255.255.0
# デフォルトゲートウェイ
Default_Gateway=192.168.179.1
#DNS サーバー
Preferred_DNS_Server=192.168.179.1
```

ご利用の無線 LAN 環境に合わせてください。

IP アドレスは、最後の番号が重複しないように指定しよう。サブネットマスクは、一般的には 255.255.255.0 だ。デフォルトゲートウェイと DNS サーバーは一般的には無線ルーターの IP アドレスを指定するといい。もう 1 つ、SD カードのインターフェイス端子の I/O 利用機能を有効にしよう。

```
#SD インターフェイス端子の I/O 利用機能有効
IFMODE=1
```

これで設定が完了だ。最終的にできあがったファイルはこうなるぞ。※ 1 〜 4 の設定がきちんと変更されているか確認しておこう。

リスト14-2 CONFIG

```
1  [Vendor]
2  # 無線起動画面のパス
3  CIPATH=/DCIM/100__TSB/FA000001.JPG
4  # 無線 LAN モード　アクセスポイントモード            ※1
5  APPMODE=5
6  # ネットワークセキュリティキー                      ※2
7  APPNETWORKKEY=abcdefg
8  # ファームウェアバージョン
9  VERSION=FA9CAW3AW3.00.01
10 # カード ID
11 CID=02544d535731364731d8b6e37900f601
12 # 製品コード
13 PRODUCT=FlashAir
14 # ベンダーコード
15 VENDOR=TOSHIBA
16 # ネットワーク SSID                                ※3
17 APPSSID=wx02-57f4eb
18 # 初期設定済みフラグ
19 LOCK=1
20 #FlashAir ドライブ (WebDAV) 機能の有効化           ※4
21 WEBDAV=2
22 # タイムゾーン +9 時間　(9(h)×4(15m)=36)
23 TIMEZONE=36
24
25 #-----------------------------------------
26 # ここから追加
27
28 #WebDAV アップロード可能
29 UPLOAD=1
30 #SD インターフェイス端子の I/O 利用機能有効
31 IFMODE=1
32
33 [WLANSD]
34 #DHCP 無効
35 DHCP_Enabled=NO
36 #IP アドレス
37 IP_Address=192.168.179.101
38 # サブネットマスク
39 Subnet_Mask=255.255.255.0
40 # デフォルトゲートウェイ
41 Default_Gateway=192.168.179.1
42 #DNS サーバー
43 Preferred_DNS_Server=192.168.179.1
```

みきちゃん。設定ファイルを保存して FlashAir を起動してみて。

ブー先生、電源を入れてみたけど動いているかわからないわ。

そうだね。そんなときは、ネットワークがつながっているか確認できるコマンドがあるからアクセサリからコマンドプロンプトを起動して「ping –t（IP アドレス）」と入力してみよう。ping をずっと打ち続けてくれるから応答があるかないかを確認することができるぞ。

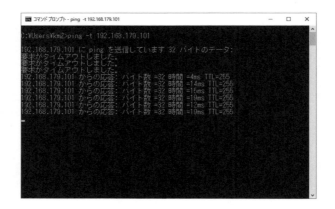

よかった。しばらく待つと、ping から応答ってメッセージが出たわ！

今度はブラウザーのアドレスバーに **http://192.168.179.101** のように設定ファイルに指定した IP アドレスを入力してみて。

Web 画面も表示されたわ。IP アドレスを入力するとつながるのね。

もしも 1 ～ 2 分経ってもつながらない場合は、ネットワークの設定を確認しよう。ネットワークに問題がなければ電源を変えてみて確認しよう。複数台接続する場合は、[Vendor] セクションに APPNAME（FlashAir 識別名）を追加して、APPNAME と IP アドレスが重複しないように注意しよう。

● Windows 10 WebDAV 設定

WebDAV を設定したからファイルの転送もできるんだよね。ブラウザーからだと見ることしかできないけど、どうやって使うの？

では設定してみよう。みきちゃん、エクスプローラーを開いて「PC」を選択すると、「コンピューター」タブに「ネットワークの場所の追加」アイコンが表示されるから、クリックしてみて。

「ネットワークの場所の追加」ウィザードが出てきたわ。これで設定するのね。

進めていくと「Web サイトの場所を指定してください」と表示されたわ。

ここに、FlashAir の IP アドレスを指定するんだ。**http://192.168.179.101** だね。

入力して、次に進むと名前の指定ね。IP アドレスにしておいて次々いくと完了ね。

完了したら、エクスプローラーの「PC」を開いてみて。

設定した名前が出てきたわ。これを開くとエクスプローラーからファイルが見られる！ これでプログラムをネットワークから自由に操作できるのね。

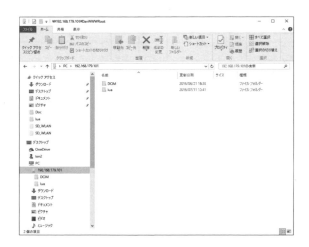

 あれ、何かフォルダーが足りないような……。

 よく気が付いたね。隠しフォルダーは見られないんだ。だから設定を書き換える場合は、SD カードスロットに挿そう。

[15] 無線で LED を点灯してみよう！

Try 5 FlashAir DIP IO ボードで電子制御

[15] 無線で LED を点灯してみよう！

FlashAir をステーションモードで動かすことができた、たっくんとみきちゃん。電子工作する環境が整いました。まずは LED を点灯してみます。

コンサートみたい？

● LED 点灯

 ブー先生、FlashAir がブレッドボード上で動くようになったから、電子工作する準備はできたよね。

 そうだね。まずは LED を点灯させてみようか。たっくん、この回路図をもとに部品を配置してみて。

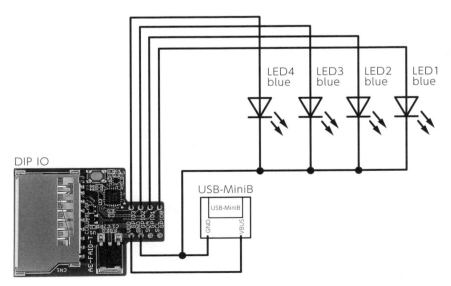

できたよ。でも LED に抵抗を付けなくていいの？

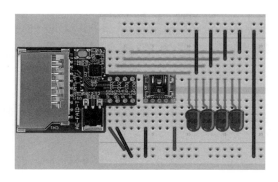

 DIP IO ボードは電源に 5V をもらっても、3.3V に変換して FlashAir を動作させているんだ。3.3V で動作しているから出力も 3.3V なんだよ。

 一般的には青色 LED の電圧は 3.6V なんだよね？ 電圧が足らないよ。

 今回利用している青色 LED は 2.8 〜 4.0V が仕様上の電圧範囲になっているんだ。LED によって利用できる電圧範囲はそれぞれ違うから、仕様を確認してみるといいぞ。

 なるほど。3.3V ならそのまま使えて便利だね。

 ではたっくん。FlashAir に **¥lua¥led.lua** がコピーされているよね。では、**http://192.168.179.101/lua/led.lua** をブラウザーから開いてみよう。

 LED が光ったよー。

 このプログラムは URL パラメーターで点灯する LED を変更できるから、パラメーターを追加して光らせてみよう。

    http://192.168.179.101/lua/led.lua?outData=1010

 1 を指定したところだけ LED が光っているわ。無線で制御できるなんて素敵ね♪

● DIP IO ボードの概要

ブー先生、DIP IO ボードにボタンみたいなものも付いているけれど、どんな機能があるか教えてよ。

DIP IO ボードは第 3 世代の FlashAir でかんたんに電子工作するために作られているんだ。通常の SD カードスロットでは信号の入出力ができる GPIO モードは使えないけど、DIP IO ボードは、GPIO モードが使えるようになっているんだ。電源については 2.8 〜 6V の電圧で動作するようになっている。けれども電圧が低いと FlashAir の無線が動作しなかったりするから、安定した 5V 電源がおすすめだ。

だから今回スマートフォンの充電器を使うんだね。

DIP IO ボードの白いボタンはリセットスイッチになっているんだけど、これを押した後は、なぜか無線の起動が失敗することもあるから、うまく無線が起動しなかった場合は、USB ケーブルやコンセントから充電器を抜差しするなどして、電源が正確に届いているか確認しながら、正しく動作するかを確認してみよう。そしてこのボードには何といっても、SC18IS600IBS というマイコンが載っているおかげでいろんな制御ができるようになっているんだ。

マイコンが何をしているの？

先ほど、LED を点灯させたよね。実は FlashAir が LED を点灯させたのではなく、FlashAir がマイコンに命令を送って LED を点灯させたんだ。

えー。そうだったんだ。てっきり FlashAir から直接 LED を点灯させたのかと思ってた。

FlashAir の制御できる信号線は 5 本だけどその信号線を使って SPI 通信ができるんだ。SPI は Serial Peripheral Interface の略で要するに通信ができるってことなんだ。

わかったわ。FlashAir が SPI 通信でマイコンに命令を送ることでいろんなことができるようになるってことね。

その通り。このマイコンは入出力を 4 点と I2C 通信ができるようになっているんだ。

なるほど。このボードを使うと、I2C でいろんなセンサーをつなぐこともできるってことだね。それは便利だね。

SPI のプログラムなんて私にできるかしら？ かんたんにできるといいんだけど。

● LED 点灯フローチャート

それでは、このプログラムのフローチャートを見てみよう。

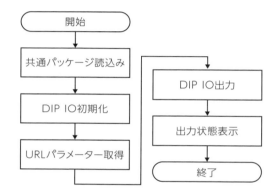

これだけ見ると、かんたんそうに見えるわね。

● LED 点灯プログラムのソース

さあ、ソースを見てみて。

リスト 15-1　led.lua

```
1  -- パッケージ位置指定
2  package.path =  "/lua/?.lua"
3
4  --DipIo 共通パッケージ
5  require("CommonDipIo")
6
7  --Web 共通パッケージ
8  require("CommonWeb")
```

```
 9
10  --DipIo 初期化
11  boadInit(0xaa)
12
13  --URL パラメーター outData 取得 未設定時 1111
14  outData = tonumber(getUrlParam("outData","1111"), 2)
15
16  --DipIo 出力
17  boadGPO(outData)
18
19  --DipIo 出力値表示
20  printBR("Output:0x" .. string.format("%02x", outData))
```

これだけ？

そう。これだけ。かんたんだよね。最初から説明していくよ。まずはパッケージがどこにあるのかを指定するパスだ。このパスを指定すると、共通パッケージの読込みディレクトリが指定されるんだ。

```
package.path =  "/lua/?.lua"
```

文字列に？が付いているけどどうして？

？の場所にパッケージ名が入って、そのファイルを読み込むんだ。パッケージは require 関数で指定するぞ。

```
require("CommonDipIo")
```

ということは、この場合 /lua/CommonDiplo.lua を読み込むってことね。次もパッケージ指定ね。

```
require("CommonWeb")
```

CommonDiplo は DIP IO ボード制御用、CommonWeb は Web アクセス用パッケージだ。今度は DIP IO の初期化だ。

```
boadInit(0xaa)
```

0xaa って何をしているの？

4つのGPIOの定義を2ビット×4で表しているんだ。2進数で01が入力、10が出力だ。

0xaaを2進数にすると、1010 1010ね。ということは、すべてのピン出力ってことね。

次は、URLパラメーターを取得して出力用の数値を作っているところだ。

```
outData = tonumber(getUrlParam("outData","1111"), 2)
```

getUrlParam関数の中のoutDataが取得したい変数ね。次の1111は何かしら。

これはURLパラメーターが存在しなかった場合の初期値だ。

ということは、2進数の文字列を取り出してtonumberで数値に変換しているのね。

その通り。そして次がDIP IOボードへ出力。

```
boadGPO(outData)
```

最後がブラウザーに数値を16進数で表示しているところね。

```
printBR("Output:0x" .. string.format("%02x", outData))
```

思っていたより、ずいぶんかんたんだったわ。SPIのことはライブラリに任せてあるからプログラムに集中できるね♪

Try 5　FlashAir DIP IOボードで電子制御

［16］温湿度センサーを使ってみよう！

FlashAir で LED の点灯に成功した、
たっくんとみきちゃん。
今度はセンサーを使ってみます。

● プルアップ抵抗

 ブー先生、DIP IO ボードは I2C 通信ができるんだよね？　今度はセンサーを使ってみたいよ。

 USB-FSIO30 で利用した HDC1000 と AM2320 の I2C 温湿度センサーが使えるから、FlashAir で制御してみよう。たっくん、この回路図をもとに部品を配置してみて。

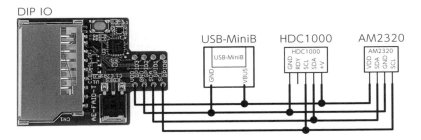

 できたー。あれ？　たしか I2C にはプルアップ抵抗を付ける必要があるんだよね？　なくていいの？

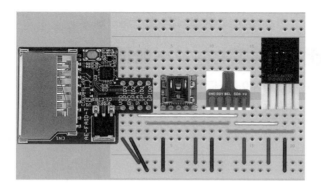

よく覚えていたね。そう。プルアップ抵抗は必要なんだけど、DIP IO ボードにはプルアップ抵抗も内蔵されていて、裏面の J1 と J2 の部分を写真のようにはんだでブリッジさせれば 10kΩ の抵抗でプルアップされるんだ。

なるほど。そういうことか。

● センサー値取得

では、http://192.168.179.101/lua/temp.lua をブラウザーから開いてみよう。

温度も湿度も取れてるわ！ これで FlashAir を使った I2C 通信はできるようになったわね。

[16] 温湿度センサーを使ってみよう！

● I2C センサー値取得フローチャート

このプログラムのフローチャートはこんな感じだ。

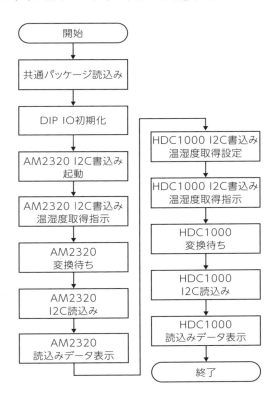

なんとなく I2C も難しくなさそうね。

● I2C センサー値取得プログラムのソース

リスト 16-1　temp.lua

```
1  -- パッケージ位置指定
2  package.path =  "/lua/?.lua"
3
4  --DipIo 共通パッケージ
5  require("CommonDipIo")
```

```
 6
 7  --Web共通パッケージ
 8  require("CommonWeb")
 9
10  --DipIo初期化
11  boadInit(0xaa)
12
13  printBR("---- AM2320 ----")
14
15  --AM2320起動
16  wakeUp = {}
17  boadI2cW(0xB8, wakeUp)
18
19  --AM2320温湿度変換指示
20  wrtTempHumi = {0x03,0x00,0x04}
21  boadI2cW(0xB8, wrtTempHumi)
22
23  --AM2320変換待ち
24  sleep(2)
25
26  --AM2320読込み
27  tblRead = boadI2cR(0xB9, 7)
28
29  --AM2320読込みデータ表示
30  for i=1, table.maxn(tblRead) do
31      printBR(string.format("data:0x%x", tblRead[i]))
32  end
33
34  --AM2320温度表示
35  printBR(string.format("temperature:%.1f", (tblRead[5] * 0x100 +
    tblRead[6])/10 ))
36
37  --AM2320湿度表示
38  printBR(string.format("Humidity:%.1f", (tblRead[3] * 0x100 +
    tblRead[4])/10 ))
39
40
41
42  printBR("---- HDC1000 ----")
43
44  --HDC1000温湿度取得設定
45  wrtConf = {0x02,0x10,0x00}
46  boadI2cW(0x80, wrtConf)
47
48  --HDC1000温湿度取得指示
49  wrtTempHumi = {0x00}
```

```
50  boadI2cW(0x80, wrtTempHumi)
51
52  --HDC1000 温湿度変換待ち
53  sleep(15)
54
55  --HDC1000 温湿度取得
56  tblRead = boadI2cR(0x81, 4)
57
58  --HDC1000 読込みデータ取得
59  for i=1, table.maxn(tblRead) do
60      printBR(string.format("data:0x%x", tblRead[i]))
61  end
62
63  --HDC1000 温度表示
64  printBR(string.format("temperature:%.3f", ((tblRead[1] * 0x100 +
    tblRead[2])/65536) * 165 - 40 ))
65
66  --HDC1000 湿度表示
67  printBR(string.format("Humidity:%.3f",    ((tblRead[3] * 0x100 +
    tblRead[4])/65536) * 100))
```

それではソースを見てみよう。

最初はパッケージの位置指定と共通パッケージの読込みね。

```
package.path =  "/lua/?.lua"
require("CommonDipIo")
require("CommonWeb")
```

そして DIP IO ボードの初期化。今回は出力しないけど、0xaa はすべてのピン出力。

```
boadInit(0xaa)
```

次に AM2320 の起動だけど、いきなり書込みかしら。

```
wakeUp = {}
boadI2cW(0xB8, wakeUp)
```

boadI2cW はライブラリの I2C 書込み関数で、0xB8 は AM2320 のスレーブアドレスと書込みビット "0" を結合したものを渡しているんだ。wakeUp テーブルに空の値を入れて、AM2320 を起こしているんだ。

なるほどね。たしか AM2320 はスリープモードになっているから、これで起こすんだね。

次が温湿度変換指示ね。0x03、0x00、0x04 が、レジスター読込み、0x00 から 4 バイトの意味だったわね。

```
wrtTempHumi = {0x03,0x00,0x04}
boadI2cW(0xB8, wrtTempHumi)
```

次が変換待ちね。

```
sleep(2)
```

変換が完了したら、ライブラリの I2C 読込み関数 boadI2cR で読込みだ。0xB9 は AM2320 のスレーブアドレスと読込みビット "1" を結合したものを渡しているんだ。そして返ってくる 7 バイトを読む指定だ。

```
tblRead = boadI2cR(0xB9, 7)
```

AM2320 はヘッダーが 2 バイト、CRC が 1 バイト追加になるから計 7 バイトの取得だったね。

次は読み込んだデータが tblRead に入っているから、画面に 16 進数で表示しているんだね。

```
for i=1, table.maxn(tblRead) do
    printBR(string.format("data:0x%x", tblRead[i]))
end
```

次が温度に変換して表示だね。

```
printBR(string.format("temperature:%.1f", (tblRead[5] * 0x100 + tblRead[6])/10 ))
```

AM2320 の温度変換は取得した値を 2 バイト数値にして 10 で割るんだったね。

次が湿度の表示だね。

```
printBR(string.format("Humidity:%.1f", (tblRead[3] * 0x100 + tblRead[4])/10 ))
```

AM2320 の湿度変換も取得した値を 2 バイト数値にして 10 で割るんだったね。

今度は HDC1000 との通信ね。温湿度両方を取得する設定を書き込んでいるわね。

```
wrtConf = {0x02,0x10,0x00}
boadI2cW(0x80, wrtConf)
```

0x80 は HDC1000 のスレーブアドレスと書込みビット "0" を結合したものだね。

次は温湿度の取得指示を書き込んでいるわね。

```
wrtTempHumi = {0x00}
boadI2cW(0x80, wrtTempHumi)
```

次は温湿度の変換待ちで約 15ms 待つんだったね。

```
sleep(15)
```

次は温湿度のデータ取得ね。

```
tblRead = boadI2cR(0x81, 4)
```

スレーブアドレスと読込みビット "1" を結合した値が 0x81 で、HDC1000 は温湿度のみのデータをくれるから 4 バイトの読込み指定だね。

次は読み込んだデータの表示ね。

```
for i=1, table.maxn(tblRead) do
    printBR(string.format("data:0x%x", tblRead[i]))
end
```

次が温度に変換した値の表示 %.3f だから小数点第 3 位まで表示ね。変数は小数点以下も自動で判断してくれるから、計算には便利ね。

```
printBR(string.format("temperature:%.3f", ((tblRead[1] * 0x100
+ tblRead[2])/65536) * 165 - 40 ))
```

HDC1000 の温度は 2 バイトの数値に 165/65536 を掛けた値から 40 引くんだったね。

次が湿度に変換した値の表示ね。

```
printBR(string.format("Humidity:%.3f",   ((tblRead[3] * 0x100 + tblRead[4])/65536) * 100))
```

HDC1000 の湿度は 2 バイトの数値に 165/65536 を掛けた値だったね。

このプログラムもかんたんだったわ。なんだか Lua に慣れてきたかな。難しくないし読みやすいしかんたん♪

Try 5　FlashAir DIP IO ボードで電子制御

［17］液晶に表示してみよう！

FlashAir で I2C 通信に成功し、センサーの値を読み取ることができた、たっくんとみきちゃん。
今度は液晶表示に挑戦です。

液晶

ブー先生、センサーの値が読めるってことは、液晶表示もできるんだよね？

もちろんできるぞ。FlashAir はデバッグが大変だから、とてもかんたんに制御できるライブラリを用意していて、かんたんに文字表示ができるぞ。USB-FSIO30 で利用した液晶を FlashAir で制御してみよう。たっくん、この回路図をもとに部品を配置してみて。

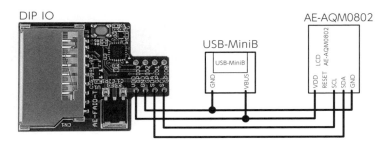

できたー。DIP IO ボードのプルアップ抵抗を使えば接続だけだから便利だね。

● 液晶表示

 では、http://192.168.179.101/lua/lcd.lua をブラウザーから開いてみよう。

 すごーい。FlashAir からデータを送っているね。ちゃんと表示されたわ♪

 次はパラメーターを指定して好きな文字を入力してみよう。
http://192.168.179.101/lua/lcd.lua?Line1=Takkun&Line2=Mikichan
をブラウザーから開いてみよう。

[17] 液晶に表示してみよう！ 155

 8文字×2行だけど表示があると、とてもいいね♪

● 液晶表示フローチャート

 それでは、このプログラムのフローチャートを見てみよう。

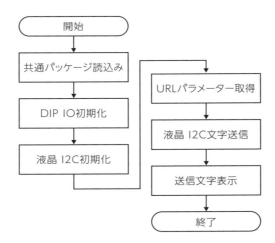

● 液晶表示プログラムのソース

リスト 17-1　lcd.lua

```
 1  -- パッケージ位置指定
 2  package.path =  "/lua/?.lua"
 3
 4  --Web共通パッケージ
 5  require("CommonWeb")
 6
```

```
 7  --DipIo 共通パッケージ
 8  require("CommonDipIo")
 9
10  --DipIo I2C LCD 共通パッケージ
11  require("CommonLcd")
12
13  --DipIo 初期化
14  boadInit(0xaa)
15
16  --LCD 初期化 スレーブ ID + WriteBit, コントラスト (6Bit)
17  lcdInit(0x7c, 0x16)
18
19  --URL パラメーターから 1 行目取得
20  line1 = getUrlParam("Line1", "Hello  !")
21
22  --URL パラメーターから 2 行目取得
23  line2 = getUrlParam("Line2", "   (^^)/")
24
25  --1 行目出力
26  lcdDsplay(0, 0, line1)
27
28  --2 行目出力
29  lcdDsplay(0, 1, line2)
30
31  -- 表示データ出力
32  printBR("Display")
33  printBR("[" .. line1 .. "]" )
34  printBR("[" .. line2 .. "]" )
```

最初はパッケージの位置指定と共通パッケージの読込みね。

```
package.path =  "/lua/?.lua"
require("CommonWeb")
require("CommonDipIo")
```

液晶を制御するには、CommonLcd が必要だ。CommonDiplo とともに読込みしよう。

```
require("CommonLcd")
```

次は DIP IO ボードの初期化ね。

```
boadInit(0xaa)
```

ブー先生、次は液晶の初期化かしら。

```
lcdInit(0x7c, 0x16)
```

そうだね。ここで液晶の初期化をしているよ。lcdInit では、液晶のスレーブアドレスと書込みビット"0"を結合した値 0x7c と、コントラスト 0x16 を指定しているんだ。コントラストは 6 ビットで構成されているから、最大 0x3f まで指定が可能だ。スレーブアドレスと、コントラストの設定を渡せば初期化ができるようになっているんだ。

次は、URL パラメーターの取得ね。先頭の文字列がパラメーターで、次が取得できなかった場合の初期値ね

```
line1 = getUrlParam("Line1", "Hello  !")
line2 = getUrlParam("Line2", "   (^^)/")
```

ブー先生、次は液晶の表示よね？

```
lcdDsplay(0, 0, line1)
lcdDsplay(0, 1, line2)
```

そうだね。先頭のパラメーターが桁、2 番目のパラメーターが行、3 番目のパラメーターが表示文字列になっているんだ。指定した場所へ、文字を表示する関数になっているんだ。

次が最後で液晶表示した内容をブラウザーに表示ね。

```
printBR("Display")
printBR("[" .. line1 .. "]" )
printBR("[" .. line2 .. "]" )
```

スレーブアドレスとコントラストの設定さえすれば液晶表示ができるなんて、ほんとにかんたんだね。

Android Studio での液晶表示は設定が細かくて大変だったよね。FlashAir の場合、デバッグが大変だからメイン処理のソースコードにミスが出ないように共通関数を作っているんだ。コンパイルしなくても動く反面、実行時に想定通り動作しなかった場合に間違いがわかりにくいからね。

たしかにそうね。記述ミスがあったときに間違いの箇所がなかなかわからなかったわ。でも、かんたんに LCD 出力できたからもう安心ね。

Try 5 FlashAir DIP IO ボードで電子制御

［18］スイッチ監視してみよう！

FlashAir で LED と I2C 通信ができるようになった、たっくんとみきちゃん。
スイッチ入力をまだ試していないことに
気が付きました。

うそみたいに
かんたん！

● スイッチ入力は常駐アプリ

 ブー先生、LED の制御も I2C でセンサー値の取得や液晶表示もできるようになったんだけど、スイッチの入力はまだテストしてなかったよね。かんたんにはできないの？

 そう。いいところに気が付いたね。スイッチの入力をブラウザーから取得するためには、ひと工夫必要なんだけれど、どうすればいいと思う？

 スイッチが ON か OFF の値を取るだけだとダメなのかな？

 それだと、スイッチを押された瞬間がわからないわ。

 そうか。押しボタン式のタクトスイッチは押された瞬間しか ON/OFF が切り替わらないから、スイッチの状態を取得するだけではダメなんだった……。

 スイッチの場合は、常に状態を監視して、信号の変化をチェックする必要があるわね。

 ブラウザーからはスイッチの確認ができそうもないね。

 そうなんだ。スイッチの場合は、常に監視が必要だからプログラムを常駐させて監視するんだ。

 なるほど。常駐プログラムで監視しつつブラウザーから値を取得するってことなんだね。あれ？ もしも常駐プログラムとブラウザー側の両方から LED

や I2C の制御が入るとどうなるんだろ。

2 か所から 1 つのデバイスを制御すると想定通りの動作はしなくなってしまうね。

そうなると、常駐プログラムで制御するしかないってことよね。でも取得したセンサーの値はどうするの？ ファイルに書き込むとか？

そうだね。ファイルに書き込むのも 1 つの手法だね。でもファイルの書込み中に FlashAir を抜くことも想定されるから、今回はファイルの書込みなしでやってみるよ。

● 共有メモリ

ファイルに書き込まずに、センサー値を保持することができるの？

実は FlashAir には 512 バイトの共有メモリがあるんだ。ここに書き込んでおけば、ブラウザーからでもメモリの内容を見ることができるんだ。試しにやってみよう。みきちゃん、ブラウザーに

    http://192.168.179.101/command.cgi?op=130&ADDR=0&LEN=10

と入力してみて。

入力したら、確認ダイアログが表示されたわ。

拡張子を .txt にして、「ファイルの種類」を「すべてのファイル」に変更して保存して、「ファイルを開く」で開いてみよう。

空白のメモ帳が開かれたけど……。

カーソルを右に動かしてみて。

空白が 10 文字入っているわ!

そうなんだ。共有メモリの中から 10 バイト分データを取得してきたんだ。では、次はデータを書いてみるよ。みきちゃん

  http://192.168.179.101/command.cgi?op=131&ADDR=0&LEN=6&DATA=Hello!

と入力してみて。

「SUCCESS」って表示されたわ。

では、もう一度

  http://192.168.179.101/command.cgi?op=130&ADDR=0&LEN=10

と入力して、拡張子を .txt にして、「ファイルの種類」を「すべてのファイル」に変更して保存して、「ファイルを開く」で開いてみよう。

今度は「Hello!」って文字が入っているわ！ 共有メモリにデータを書き込んで取得したってことね。

そうなんだ。FlashAir の command.cgi 機能を使って共有メモリの読書きをしたんだ。

表 18-1　command.cgi 共有メモリアクセス

コマンド	パラメーター
op=130 共有メモリからデータ取得	ADDR: アドレス 0-511 LEN: 長さ　0-512
op=131 共有メモリへデータ書込み	ADDR: アドレス 0-511 LEN: 長さ　0-512 DATA: 書込み文字列

参照　詳細は下記の URL を参照してください。

https://flashair-developers.com/ja/documents/api/commandcgi/

なるほど。共有メモリに書き込めば、外部からその値を参照できるってことだね。

● 常駐プログラム設定

常駐プログラムの起動は、設定ファイルに記載するんだ。FlashAir ではデバイス起動時に立ち上げるアプリケーションを指定できるようになってるんだ。みきちゃん、FlashAir を SD カードスロットに挿して、¥SD_WLAN¥CONFIG を開いて、[Vendor] セクション内に次を入れて更新してみて。

```
LUA_RUN_SCRIPT=/lua/Switch.lua
```

※の箇所に追加したわ。

リスト 18-1　CONFIG

```
 1  [Vendor]
 2  # 無線起動画面のパス
 3  CIPATH=/DCIM/100__TSB/FA000001.JPG
 4  # 無線 LAN モード　アクセスポイントモード
 5  APPMODE=5
 6  # ネットワークセキュリティキー
 7  APPNETWORKKEY=abcdefg
 8  # ファームウェアバージョン
 9  VERSION=FA9CAW3AW3.00.01
10  # カード ID
11  CID=02544d535731364731d8b6e37900f601
12  # 製品コード
13  PRODUCT=FlashAir
14  # ベンダーコード
15  VENDOR=TOSHIBA
16  # ネットワーク SSID
17  APPSSID=wx02-57f4eb
18  # 初期設定済みフラグ
19  LOCK=1
20  #FlashAir ドライブ (WebDAV) 機能の有効化
21  WEBDAV=2
22  # タイムゾーン＋9時間　(9(h)×4(15m)=36)
23  TIMEZONE=36
24  
25  #------------------------------------------
26  # ここから追加
27  
28  #WebDAV アップロード可能
29  UPLOAD=1
30  #SD インターフェイス端子の I/O 利用機能有効
31  IFMODE=1
32  # 起動時スクリプト                                       ※
33  LUA_RUN_SCRIPT=/lua/switch.lua
34  
35  [WLANSD]
36  #DHCP 無効
37  DHCP_Enabled=NO
38  #IP アドレス
39  IP_Address=192.168.179.101
40  # サブネットマスク
41  Subnet_Mask=255.255.255.0
42  # デフォルトゲートウェイ
43  Default_Gateway=192.168.179.1
44  #DNS サーバー
45  Preferred_DNS_Server=192.168.179.1
```

次に、FlashAir の ¥lua¥switch.lua が入っていることを確認して FlashAir を安全に取り外しておいて。

● スイッチと LED

たっくん、スイッチを押したら、LED も光るようにするよ。この回路図をもとにブレッドボードに配置してみて。

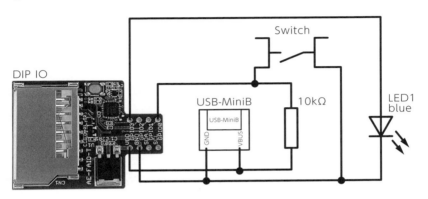

配置できたよ。

ブー先生。ちょっと気になるんだけど電源は 5V で DIP IO ボードは 3.3V で動作しているんだよね。スイッチのプルアップ部分なんだけど、これだと 5V かかるよね？ 大丈夫？

たっくん、よく気が付いたね。通常 3.3V で動作しているなら 3.3V のプルアップが正解だ。だけど、DIP IO ボードに乗っているマイコン、SC18IS600 の入出力ピンは、5V トレラントなんだ。5V トレラントは 5V の電圧がかかっ

ても大丈夫な回路が入っているってことなんだ。

なるほど。5Vの電源は用意しやすいし、使えるものが多いから便利だね。

● スイッチ監視プログラム実行確認

それでは実行してみよう。みきちゃん、FlashAirをSDカードスロットに挿して、電源を入れてみて。

電源を入れると……、あっ、数秒でLEDが光ったわ。

ボタンを押してみると、LEDが消える。離すとLEDが光るね。GPIO0の状態がGPIO3へ出力されているよ。

では、共有メモリの内容を見てみようか。みきちゃん、これをブラウザーに入力してみて。

  http://192.168.179.101/command.cgi?op=130&ADDR=0&LEN=25

> **注意** ブラウザーによっては最後に化け文字が付くことがありますが、改行コードのためデータに問題はありません。

文字が出てきたわ。スイッチの値のようだけど。

これは、現在の入力ピンの値と、スイッチを押した回数をJSONで表しているんだ。JSONはJavaScript Object Notationの略でデータの書き方のルールなんだ。もとはJavaScriptで使うためのものだったけれど、記述がわかり

やすくシンプルなこともあって現在とても普及していてさまざまな言語でデータのやりとりに使われているんだ。記述方法をかんたんに説明すると、{ } でくくられている中に、「変数：値」のセットを "," 区切りで複数記載できるんだ。

なるほどね。じゃあ {"bin":"01","sw1Cnt":14} の場合は、変数 bin が "01" sw1Cnt が 14 ってことね。

そうだね。入力値を 2 進数で表した状態が 01、スイッチを押した数が 14 回ってことだ。スイッチを押した数が前回と今回で異なっていれば、その間にスイッチが押されたってことがわかるようになっているんだ。

なるほど。常時スイッチを監視できない場合はカウント値を返すことで、スイッチの判定が可能なんだね。

● スイッチ監視フローチャート

それでは、このプログラムのフローチャートを見てみよう。

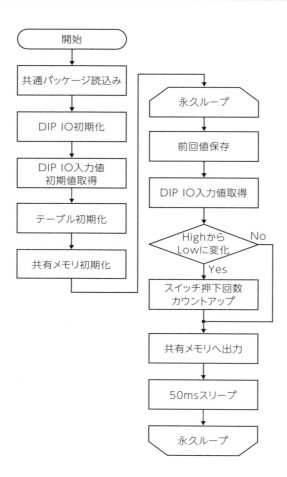

 今回は、歯ごたえあるプログラムになっていそうね。

● スイッチ監視プログラムのソース

リスト 18-2　switch.lua

```
 1  -- パッケージ位置指定
 2  package.path =  "/lua/?.lua"
 3
 4  --DipIo 共通パッケージ
 5  require("CommonDipIo")
 6
```

[18] スイッチ監視してみよう！

```lua
 7  --JSONパッケージ
 8  cjson = require("cjson")
 9
10  --DipIo 初期化 上位2ビット出力 下位2ビット入力
11  boadInit(0xa5)
12
13  -- 出力初期化
14  boadGPO(0x00)
15
16  --DipIo 入力初期値取得
17  inData = boadGPI()
18
19  --DipIo 入力値を下位2ビットのみ変換
20  inData = bit32.band(inData, 0x03)
21
22  -- テーブル値初期化
23  tblSw = {}
24
25  -- 入力状態初期化
26  tblSw["bin"] = "00"
27
28  -- スイッチカウント初期化
29  tblSw["sw1Cnt"] = 0
30
31  --JSON文字列作成
32  jsonStr = cjson.encode(tblSw) .. "¥n"
33
34  -- 共有メモリにJSON出力
35  fa.sharedmemory("write", 0, #jsonStr, jsonStr)
36
37  while(1) do
38      -- 前回入力値保存
39      inDataBf = inData
40
41      --DipIo 入力値取得
42      inData = boadGPI()
43
44      --DipIo 入力値を下位2ビットのみ変換
45      inData = bit32.band(inData, 0x03)
46
47      -- 入力値を下位2ビットのみ変換
48      tblSw["bin"] = binString(inData, 2)
49
50      --GPIO0 入力がHighからLowに変化すれば
51      if (bit32.band(inDataBf, 0x01) > 0) and (bit32.band(inData, 0x01) == 0) then
```

```
52              -- スイッチカウント
53              tblSw["sw1Cnt"] = bit32.band(tblSw["sw1Cnt"] + 1, 0xff)
54         end
55
56         --JSON 文字列作成
57         jsonStr = cjson.encode(tblSw) .. "¥n"
58
59         -- 共有メモリに JSON 出力
60         fa.sharedmemory("write", 0, #jsonStr, jsonStr)
61
62         --GPIO0 の内容を GPIO3 へ出力
63         boadGPO(bit32.lshift(bit32.band(inData, 0x01), 3))
64
65         --50ms スリープ
66         sleep(50)
67
68    end
```

常駐プログラムでも最初はパッケージの位置指定と共通パッケージの読込みね。

```
package.path = "/lua/?.lua"
require("CommonDipIo")
```

常駐プログラムの場合は、ブラウザーアクセスしないから CommonWeb は不要だけれども、今回は JSON 形式でデータを書き込むから標準パッケージの cjson を追加するぞ。

```
cjson = require("cjson")
```

次がいつもの DIP IO ボードの初期化ね。0xa5 は 2 進数にすると 1010 0101 ね。2 ビット単位で 01 が入力、10 が出力だったから上位 2 つが出力、下位 2 つが入力設定ね。

```
boadInit(0xa5)
```

次は出力初期化ね。

```
boadGPO(0x00)
```

次は入力初期値の取得と、ブー先生何かしら。

```
inData = boadGPI()
inData = bit32.band(inData, 0x03)
```

bit32.band は、論理積を計算してくれるんだ。なので inData の下 2 ビットだけを取り出しているんだ。

なるほど。入力は下 2 つだけだもんね。次はテーブルを初期化しているのね。

```
tblSw = {}
tblSw["bin"] = "00"
tblSw["sw1Cnt"] = 0
```

次は JSON 変換よね。

```
jsonStr = cjson.encode(tblSw) .. "¥n"
```

そう。ここでテーブル tblSw の内容を JSON 文字列に変換しているんだ。テーブルの KEY 値が JSON 変数になるんだ。

なるほどね。でも最後の ¥n は何かしら。

ここはテキストデータで管理しやすいように区切り文字を入れているんだ。

次が、共有メモリへの書込みね。たしか「#」が先頭に付くと長さを表すから、先頭から、文字列の長さ分共有メモリに登録ね。

```
fa.sharedmemory("write", 0, #jsonStr, jsonStr)
```

ここまでが初期処理でここからがメインループね。

```
while(1) do
    :
end
```

最初に前回値を保存。

```
inDataBf = inData
```

次に入力値を下 2 ビットのみ取得ね。

```
inData = boadGPI()
inData = bit32.band(inData, 0x03)
```

次は、共通パッケージの処理で、2進数の文字列に変換だ。inData の値を下2ビット2進数に変換しているんだ。

```
tblSw["bin"] = binString(inData, 2)
```

次の if 文は、前回の下 1 ビットが 0 より大きくて、今回の下 1 ビットが 0 の場合よね。だからスイッチが離されている状態から押されている状態に変化したらってことね。その中でどうして 0xff で論理積しているの？

```
if (bit32.band(inDataBf, 0x01) > 0) and (bit32.band(inData,
0x01) == 0) then
    tblSw["sw1Cnt"] = bit32.band(tblSw["sw1Cnt"] + 1, 0xff)
end
```

スイッチが押された回数をカウントしたいんだけど、ある一定数まで進んだところで 0 に戻りたいんだ。共有メモリが 512 バイトしかないから桁をあまり増やさないための対策だね。そこで 16 ビットを超えたら 0 に戻るようにマスクしているんだ。だから 255 の次は 0 だ。

へー。こんなやり方もあるのね。If 文で判断するよりかんたんだわ。次が、テーブルにセットされている値を共有メモリに書込みね。

```
jsonStr = cjson.encode(tblSw) .. "¥n"
fa.sharedmemory("write", 0, #jsonStr, jsonStr)
```

ここでは、出力しているようだけど。

```
boadGPO(bit32.lshift(bit32.band(inData, 0x01), 3))
```

そう、スイッチを接続しているビットだけ取り出して、ビット 3 つ左に移した値を出力しているんだ。

なるほど。ここで LED が ON/OFF されるんだね。

最後は 50ms のスリープ後、繰返しね。

```
sleep(50)
```

Androidもそうだけど、FlashAirも最後のスリープが大切なんだ。

これがないと、休まず処理するから他のことができなくなるってことだね。

スイッチ入力は他の制御に比べると、少し複雑だったけど、難しくなかったわ♪

PART 3

Twitterを使って
IoT電子工作にチャレンジ！

Try 6　Twitterの準備　　　　　　　　　　　　　　　174
[19] アカウントを作成してみよう！..174
[20] Twitter4Jを導入してみよう！...179
[21] アプリからつぶやいてみよう！..182
[22] ペットの見守り装置を作ってみよう！..189
[23] スマホでセンサー値を取得してみよう！.....................................193
[24] つぶやきを受信して制御してみよう！..214

Try 6 Twitter の準備

［19］アカウントを作成してみよう！

USB-IO と FlashAir でスイッチ、LED、センサーの制御ができるようになった、たっくんとみきちゃん。
インターネットを利用した電子制御を行うために Twitter を利用することにしました。

● IoT するためのサービス

ブー先生、USB-IO も FlashAir も使えるようになったから、いよいよ IoT をやってみたいんだけど、どうすればいいの？

そうだね。IoT をするにはインターネットを通じてさまざまなものと接続する必要があるんだけど、そのためには、インターネット上に情報を送ったり、貯めたり、参照できる仕組みが必要になるんだ。

そうなると今度は、インターネット上のサーバーにプログラムを作るってこと？ IoT って大変だなぁ。

そうだね。自作のプログラムを作るって方法もあるね。IoT はモノとインターネットの間を情報が行き来する仕組みだから全部作るとなると大変だ。でもインターネット上には、無料で利用できるサービスもたくさんあるからそれらのサービスを有効活用すると便利だよ。

情報を送って貯めて参照するインターネット上のサービスってみんながよく利用している SNS のことかしら。

僕はときどき Twitter でつぶやいているけど、センサーの値をつぶやくことができたら、情報を送って貯めて参照するってことができそうだよ！

ブー先生、センサーの値をかんたんに Twitter につぶやけないかな？

スマートフォンからTwitterにつぶやくための便利なライブラリもあるから、Twitterを使ってIoTしてみようか。

● Twitterのアカウント作成

では、まずはTwitterのアカウントを作成してみよう。

https://twitter.com/

ブラウザーからこのアドレスを表示して「アカウント作成」をクリックすると、アカウント作成画面が表示されるから、指示に従って作成しよう。携帯電話の登録がないと、アプリ作成ができないから「設定」の「モバイル」から携帯電話を登録しよう。

アカウントが作成できたら、次はアプリの登録だ。

https://apps.twitter.com/

ブラウザーからこのアドレスを表示して「Create New App」をクリックしよう。

アプリ登録の設定内容を入力して「Create your Twitter application」ボタンで作成しよう。「Name」にはアプリの名前を入力しよう。「Description」にはアプリの説明を入力しよう。「Website」にはこのアプリの Web サイトを入力しよう。なければ **http://km2net.com** と入力しておこう。「Callback URL」は今回使わないので空白で大丈夫だ。「Developer Agreement」にチェックを付けよう。

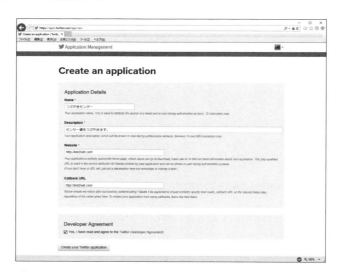

ここで1点確認だ。「Application Settings」の「Access level」が「Read and write」になっていることを確認しよう。つぶやくためには読書きする権限が必要だ。

次にアクセストークンの作成だ。「Keys and Access Tokens」タブをクリックして画面を下にスクロールしよう。

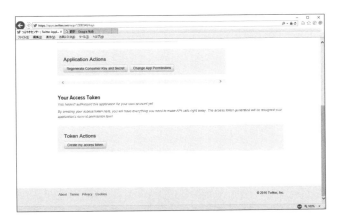

「Your Access Token」の下に「Create my access token」ボタンがあるからそこをクリックすると、「Access Token」と「Access Token Secret」が作成される。

この画面の4つの項目(Consumer Key、Consumer Secret、Access Token、Access Token Secret)を使えば、かんたんにつぶやくことができるんだ。

Try 6　Twitterの準備

[20] Twitter4Jを導入してみよう！

IoTを体験するためのインターネットサービスにTwitterを選択した、たっくんとみきちゃん。
Twitter用ライブラリのTwitter4Jをインストールします。

● Twitter用ライブラリ

ブー先生、Twitterのアカウントも用意できたからもうつぶやける？

ブラウザーからならつぶやけるけど、プログラムからつぶやくのは大変だよ。

そういえば、かんたんに使えるライブラリがあるって言っていたわよね。

そうなんだ。Twitterと連携できるライブラリは本家Twitterが出しているものもあるけど、ここではTwitter4Jを使ってみよう。Twitter4Jは非公式のライブラリではあるけれども、Javaで作られていてAndroid端末でも動作する利用者の多いライブラリだ。ライセンス体系はApache License 2.0だから無償で利用できるんだ。しかもかんたん。

ただで使えるんだね。

● ダウンロードとインストール

では、ライブラリをダウンロードしよう。

　　　http://twitter4j.org/

ブラウザーからこのアドレスを表示すると最新安定バージョンがあるのでそ

れをダウンロードしよう。今回は、twitter4j-4.0.4.zipをダウンロードするぞ。

ダイアログが出てきたら、「開く」を選ぼう。

開いたらその中の全ファイルとフォルダーを選択して、今回は
c:¥src¥twitter4j フォルダーを作成しその中へコピーしよう。

[20] Twitter4Jを導入してみよう！

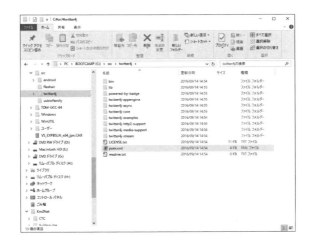

インストールはこれだけ。

ダウンロードして解凍して保存するだけなんだね。

Try 6 Twitterの準備

[21] アプリからつぶやいてみよう！

プログラムから Twitter でつぶやく準備ができた、たっくんとみきちゃん。
プログラムに挑戦です。

● つぶやきテストのプロジェクト作成

 ブー先生、つぶやく準備は OK だよね。早くやってみようよ。

 そうだね。では、プロジェクトの作成からやっていこう。

 ではたっくん、Android Studio を起動して新規にプロジェクトを作成しよう。プロジェクト名は TestTwitter4J、API は 15、EmptyActivity で作成してみて。次は Twitter4J のライブラリを追加するよ。

 File > New > New Module から「Import.JAR/.AAR Package」を選択して、インストールしたファイル **C:¥src¥twitter4j¥lib¥twitter4j-core-4.0.4.jar** を追加したよ。

 次は **File > Project Structure** の「Dependencies」タブを選択したら右端の「＋」をクリックして、「Module dependency」をクリックして twitter4j を追加しよう。

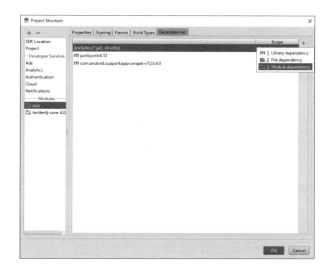

これでライブラリの追加は完了ね。

そうだね。次はマニフェストにインターネット接続権限を追加しよう。

たしか、プロジェクトを表示して app ＞ src ＞ main ＞ res ＞ AndroidManifest.xml だったね。

application 要素の前に 1 行追加しよう。

```
<uses-permission android:name="android.permission.INTERNET" />
```

184　**Try6** Twitter の準備

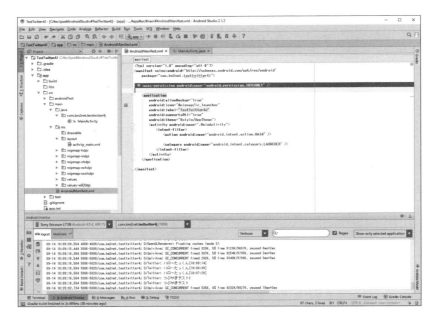

Twitter でつぶやくプログラムを作るには、Twitter4J のライブラリをインポートして追加、それとマニフェストにインターネット接続権限を追加すれば設定終了かな。

そうだね。じゃあプログラムを見てみようか。

● つぶやきテストのプログラムのソース

では、Android Studio から **C:¥src¥AndroidStudio¥TestTwitter4J** を開いてみよう。

リスト 21-1　TestTwitter4J の MainActivity.java

```
1  package com.km2net.testtwitter4j;
2
3  import android.os.AsyncTask;
4  import android.support.v7.app.AppCompatActivity;
5  import android.os.Bundle;
6  import android.util.Log;
7
8  import java.text.SimpleDateFormat;
```

```
 9  import java.util.Date;
10  import java.util.List;
11
12  import twitter4j.Twitter;
13  import twitter4j.TwitterFactory;
14  import twitter4j.conf.ConfigurationBuilder;
15
16  public class MainActivity extends AppCompatActivity {
17
18      @Override
19      protected void onCreate(Bundle savedInstanceState) {
20          super.onCreate(savedInstanceState);
21          setContentView(R.layout.activity_main);
22
23          // 非同期クラス作成
24          class AsyncTw extends AsyncTask<Integer, Integer, Integer> {
25              @Override
26              protected Integer doInBackground(Integer... integers) {
27                  try {
28                      // 設定クラス作成
29                      ConfigurationBuilder cb = new ConfigurationBuilder();
30                      // 接続設定
31                      cb.setDebugEnabled(true)
32                              .setOAuthConsumerKey("pnHqthyDIrwxGLRtHnLR7Ofq7")
33                              .setOAuthConsumerSecret("FEXGxhianvsufY1d1Qop3Bf7QbSycrgFoVjzXIXqdiSHUBMaV2")
34                              .setOAuthAccessToken("357238311-ZQJwwdNwR6kT1ksTTkRfxjNG7mMydEr41pcdHpNM")
35                              .setOAuthAccessTokenSecret("4qWlar0UUGd3TykpNr3IpxIzFJfJHBqrnxV3mx0Id04co");
36
37                      // 設定からTwitterファクトリクラス作成
38                      TwitterFactory tf = new TwitterFactory(cb.build());
39
40                      //Twitterインスタンス取得
41                      Twitter twitter = tf.getInstance();
42
43                      // 時刻フォーマット
44                      SimpleDateFormat sdf = new SimpleDateFormat("[HH:mm:ss]");
45
46                      // つぶやく
```

```
47                        twitter.updateStatus("ハローたっくん" + sdf.
   format(new Date()));
48
49                        // ツイートを取得
50                        List<twitter4j.Status> statuses = twitter.
   getHomeTimeline();
51
52                        // ツイートを Logcat に出力
53                        for (twitter4j.Status status : statuses) {
54                            Log.d("Twitter",  status.getText());
55                        }
56                    } catch (Exception e) {
57                        e.printStackTrace();
58                    }
59                    return null;
60                }
61            }
62            AsyncTw ATw = new AsyncTw();
63            ATw.execute(0);
64        }
65 }
```

テストプログラムだから、起動したらつぶやいて、ツイートを取得するだけのものだよ。

MainActivity クラスの onCreate メソッドの中で 24 行目から非同期クラスを定義しているね。

Android では通信を行う場合は UI スレッドでは実行できないんだ。だから、非同期クラスを作成してその中で通信を行うんだ。通信は時間がかかる処理だから、その間操作ができなくなるのを防ぐためにね。

なるほど。たしかにそうだね。29 行目からは Twitter に関係するところだね。

Twitter のアカウント作成時に Token を取得したよね。そのときの 4 つの値 ConsumerKey、ConsumerSecret、AccessToken、AccessTokenSecret をここに指定するんだ。

> **注意** ご自身で取得した値をセットしてください。

設定はこれだけかな。38行目はファクトリの作成、41行目はファクトリからインスタンスを取得して、44行目はなぜか時刻フォーマットを取得しているよ。47行目は、つぶやきだね。なぜか時刻と一緒に。

ここで時刻を入れているのにはわけがあるんだ。同じつぶやきは連続で登録できないようにブロックされるんだ。だから時刻を入れて、違うつぶやきにするんだよ。

なるほど。センサー値は同じ値を取得することも多いもんね。50行目は、つぶやきの取得だね。Listに入れるんだね。53行目からは、取得したツイートをAndroid Monitorに表示かな。

そう。TwitterのタイムラインをListに入れて、それらを1つずつgetTextで取得しているんだ。最後に62行目でクラスを生成して実行だ。

たしかにかんたんだね。これならスマートフォンでセンサー値をつぶやけるよ！

● つぶやきテストの実行

実行してみるね。

つぶやけているわ。これでIoTできそうよ。

 Android Monitorにタイムラインが表示されているよ。これで役者がそろったよ。

Try 6 Twitterの準備

［22］ペットの見守り装置を作ってみよう！

電子工作と、Twitterの利用ができるようになり、インターネットとモノとをつなぐことができるようになった、たっくんとみきちゃん。
今度はインターネットを通じて何をするか考えます。

にゃんだか視線を感じるにゃあ

● ペットの見守り装置の検討

 たっくん、みきちゃん。電子工作もTwitterも一通りできるようになったね。次はインターネットを使ってどんなことをしたいかな？

 私は、家の中の温度がどんなふうに変化しているのか自由研究してエコに役立てたいわ。Twitterにつぶやいていれば外出していても見られるしね。

 僕は、外出中とか夜寝ているときに家のペットが何をしているのか見てみたいんだけどできるかな？

 温度の計測は確認済みだから大丈夫だね。ペットの監視なら人感センサーを使って動いているか止まっているかなら判断できそうだ。

 お部屋の高い位置と低い位置で温度に差がある場合は、サーキュレーターで空気を循環させて温度の変化も研究したいんだけどそんな機能も付けられるかしら？

 100Vの電源制御はソリッド・ステート・リレー（SSR）を使って実験済みだから、その先に電子スイッチではないサーキュレーターを接続すれば可能だね。

 スマホのカメラで写真を撮ってつぶやくこともできるかな？

 Twitterには画像も送れるから大丈夫だよ。

それなら、みきちゃんがやりたいことと僕がやりたいことを一緒にしたペットの見守り装置が作れそうだね！　どんな構成にすればいいかな。

そうだね。ペットの見守りと室温の監視を同時に行えば、ペットも快適だね。構成はこんな形になるぞ。

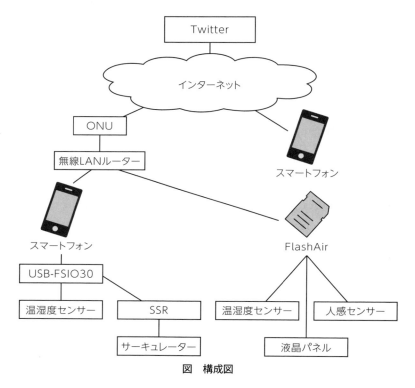

図　構成図

なんだかすごく大がかりな仕組みになったわ。

今回はペットがいる部屋とインターネットを接続だ。モノとインターネットの接続は、さまざまな機器をフル活用することでつながることができて、そこから価値ある情報を取得したり制御したりできるようになるんだ。

● 回路の作成

それではスマートフォンに接続する USB-FSIO30 の回路を作ってみよう。たっくん、この回路図をもとに配置してみて。

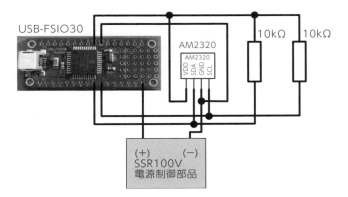

できた。回路の作成も慣れてきたよ。

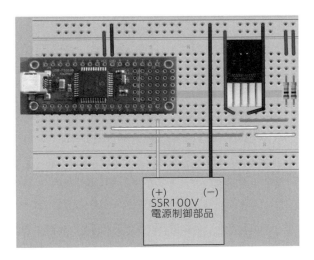

次は、FlashAir の回路を作ってみよう。こちらは温湿度計測と人感センサーを配置だ。画面がないと動作しているかわからないから液晶画面も追加しよう。

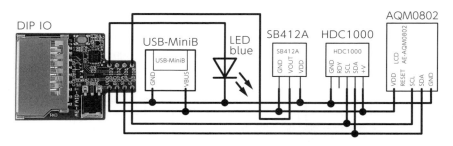

次は、FlashAirの回路を作ってみよう。今回使う焦電型赤外線(人感)センサーモジュールSB412Aは反応すると一定時間3Vの出力があるから、デジタル入力ピンに接続できるんだ。間隔は基板中央の可変抵抗で調整できるぞ。

へー。人感センサーはデジタル出力だったんだね。ペットの動いた回数をこのセンサーで取りたいな。

このセンサーは最短で10秒間、動くものがあれば出力がONになるんだ。今回は基板中央の可変抵抗をマイナス側へしっかり回そう。

よし。これで両方ともできたよ。ところでブー先生、どうしてスマートフォン側とFlashAir側のセンサーをこんなふうに分けたの？ 意味があるんだよね？

そう。サーキュレーターの接続と、写真撮影はあまり高い場所でないほうが便利だから、スマートフォン側は低めの場所。FlashAir側は人感センサーを高い場所に設置しないと障害物が邪魔で監視できないことを想定して高めの場所用に分けているんだ。

なるほどね。センサーやデバイスの特徴を考えて高い場所と低い場所に設置できるように分けているのね。

Try 6 Twitterの準備

[23] スマホでセンサー値を取得してみよう！

ペットの見守り装置を作ることにした、
たっくんとみきちゃん。
回路ができたので、スマートフォンに
センサー値を取得してみます。

● プログラムの作り方の検討

 回路ができたから今度はプログラムだね。FlashAir側のプログラムと、スマートフォン側のプログラムはどんな仕様になるのかな？

 FlashAir側は、人感センサーと温湿度センサーの値取得とLCD表示。あとは取得したデータの共有メモリへの書込みね。

 スマートフォン側は、FlashAirの共有メモリ読み取りと、温度計測、サーキュレーター制御、写真撮影、Twitterとの連携。たくさんあって大変そうだなぁ……。

 機能が増えるとプログラムの作成量が増えるからプログラムを一気に作ろうとすると時間がかかって大変なんだ。だから後で機能を増やしていくと作りやすいぞ。最初はFlashAir側のプログラムとスマートフォンで受信するところまで作ってみよう。

● FlashAir 側のペットの見守り装置フローチャート

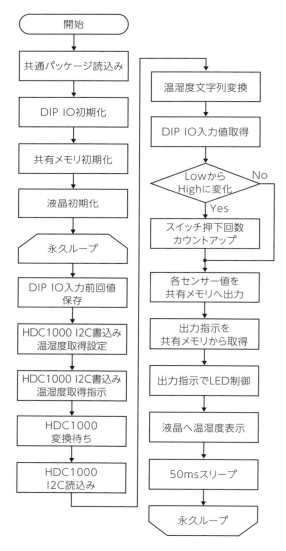

 今回はいろんな機能があるから、少し長くなりそうね。あれ？ フローチャートの最後のほうに LED 制御があるけどこれは何のためにあるの？

いいところに気が付いたね。ここはとても重要でスマートフォンから LED を制御できるようにしているんだ。

今回は、スマートフォンから LED を制御する必要がなかったわよね？ 何に使うの？

FlashAir の開発は、本当に動作しているかどうかを確認することがとても重要なんだ。パソコンやスマートフォンと違って画面がないから外見では動作しているかどうかがわからないよね。さらに無線で動作するから本当につながっているかどうかもわかりにくいんだ。スマートフォンから LED を点滅させると、無線でつながっていることと、スマートフォンも動作していることがわかるよね。

なるほどね。たしかにデバッグのときに本当に動いているのかどうかわかりにくかったわ。この機能はとても重要ね。

● FlashAir 共有メモリの領域

プログラムに入る前に共有メモリ領域をどう使うか決めておこう。誰がどの領域にどんなアクセスをするかが決まっていないと競合するからね。

最初に決めておけば、後で変更があっても便利ね。

表 23-1　FlashAir 共有メモリ割当て表

項目	位置 バイト	FlashAir			スマートフォン	
		初期化	読込み	書込み	読込み	書込み
GPIO2,3 出力値（2Bit）	0～9 10Byte	○	○			○
各センサー値	10～49 40Byte	○		○	○	

	項目の詳細
GPIO2,3 出力値（2Bit）	JSON 書式 :{"gpo":9} + 改行
	gpo:Bit0 GPIO2 出力 　　 Bit1 GPIO3 出力
各センサー値	JSON 書式 :{"cnt":999,"temp":"-99.9","hum":"99.9"} + 改行
	cnt: 人感センサー ON 回数　0-255（16 ビット）
	temp: 温度文字列 小数 1 桁
	hum: 湿度文字列 小数 1 桁

あれ？ 各センサー値なんだけど、どうして文字列なの？

小数点以下の桁数が入ると長くなるから文字列に変換して長さを制限しているんだ。共有メモリはサイズが限定されているからね。

● FlashAir 側のプログラム

では、今回のプログラムを確認してみよう。FlashAir の **¥lua¥pet.lua** をメモ帳で開いてみよう。

リスト 23-1　pet.lua

```lua
 1  -- パッケージ位置指定
 2  package.path =  "/lua/?.lua"
 3
 4  --DipIo 共通パッケージ
 5  require("CommonDipIo")
 6  require("CommonLcd")
 7
 8  --JSON パッケージ
 9  cjson = require("cjson")
10
11  --DipIo 初期化 上位 2 ビット出力 下位 2 ビット入力
12  boadInit(0xa5)
13
14  --DipIo 入力初期値取得
15  inData = boadGPI()
16
17  --DipIo 入力値を下位 2 ビットのみ変換
18  inData = bit32.band(inData, 0x03)
19
20  -- テーブル値初期化
21  tblSensor = {}
22
23  -- 人感センサーカウント初期化
24  tblSensor["cnt"] = 0
25
26  -- 温度初期化
27  tblSensor["temp"] = "0.0"
28
29  -- 湿度初期化
30  tblSensor["hum"] = "0.0"
31
32  --JSON 文字列作成
```

```lua
33  jsonStr = cjson.encode(tblSensor) .. "¥n"
34
35  --共有メモリ初期化
36  fa.sharedmemory("write",  0, 10, "{¥"gpo¥":0}¥n")
37  fa.sharedmemory("write", 10, #jsonStr, jsonStr)
38
39  --LCD初期化 スレーブID + WriteBit, コントラスト(6Bit)
40  lcdInit(0x7c, 0x16)
41
42  while(1) do
43      --前回入力値保存
44      inDataBf = inData
45
46      --HDC1000温湿度取得設定
47      wrtConf = {0x02,0x10,0x00}
48      boadI2cW(0x80, wrtConf)
49
50      --HDC1000温湿度取得指示
51      wrtTempHumi = {0x00}
52      boadI2cW(0x80, wrtTempHumi)
53
54      --HDC1000温湿度変換待ち
55      sleep(15)
56
57      --HDC1000温湿度取得
58      tblRead = boadI2cR(0x81, 4)
59
60      --HDC1000温度取得
61      tblSensor["temp"] = string.format("%.1f", ((tblRead[1] * 0x100 + tblRead[2])/65536) * 165 - 40 )
62
63      --HDC1000湿度取得
64      tblSensor["hum"]  = string.format("%.1f", ((tblRead[3] * 0x100 + tblRead[4])/65536) * 100)
65
66      --DipIo入力値取得
67      inData = boadGPI()
68
69      --DipIo入力値を下位2ビットのみ変換
70      inData = bit32.band(inData, 0x03)
71
72      --GPIO0入力がLowからHighに変化すれば
73      if (bit32.band(inDataBf, 0x01) == 0) and (bit32.band(inData, 0x01) > 0) then
74          --スイッチカウント
75          tblSensor["cnt"] = bit32.band(tblSensor["cnt"] + 1, 0xff)
76      end
```

```
 77
 78     --JSON 文字列作成
 79     jsonStr = cjson.encode(tblSensor) .. "\n"
 80
 81     -- 共有メモリに JSON 出力
 82     fa.sharedmemory("write", 10, #jsonStr, jsonStr)
 83
 84     -- 出力指示を共有メモリから取得
 85     jsonGpoStr = fa.sharedmemory("read", 0, 10, 0)
 86
 87     --JSON 文字列をデコード
 88     jsonGpo = cjson.decode(jsonGpoStr)
 89
 90     -- 出力指示を GPO2,3 へ適用
 91     boadGPO(bit32.lshift(jsonGpo.gpo, 2))
 92
 93     --1 行目出力
 94     lcdDsplay(0, 0, string.sub (bit32.band(inData, 0x01) .. " T:"
   .. tblSensor["temp"] .. "   ",0 ,8))
 95
 96     --2 行目出力
 97     lcdDsplay(0, 1, string.sub (jsonGpo.gpo .. " H:" ..
   tblSensor["hum"]    .. "   ",0 ,8))
 98
 99     --50ms スリープ
100     sleep(50)
101
102 end
```

まずは、お約束の共通パッケージの読込みね。

```
package.path =  "/lua/?.lua"
require("CommonDipIo")
require("CommonLcd")
cjson = require("cjson")
```

次は DIP IO ボードの初期化と初期値を取っているのね。

```
boadInit(0xa5)
inData = boadGPI()
inData = bit32.band(inData, 0x03)
```

boadInit のパラメーターは、2 ビット単位に 4 つの GPIO を設定だったね。01 が入力、10 が出力だ。0xa5 は 10100101 だから GPIO0,1 は入力で、GPIO2,3 は出力の設定だ。

次は共有メモリの初期化で、いったんテーブルに初期値を設定してJSON文字列を作成した値を共有メモリに保存ね。

```
tblSensor = {}
tblSensor["cnt"] = 0
tblSensor["temp"] = "0.0"
tblSensor["hum"] = "0.0"
jsonStr = cjson.encode(tblSensor) .. "¥n"
fa.sharedmemory("write",  0, 10, "{¥"gpo¥":0}¥n")
fa.sharedmemory("write", 10, #jsonStr, jsonStr)
```

共有メモリの0番目から10バイトは出力指示の値を固定値で初期化して、10バイト目からの値は各センサー値の初期化だ。

次は液晶の初期化でここまでが初期処理。

```
lcdInit(0x7c, 0x16)
```

次から永久ループでメインの処理ね。

```
while(1) do
    :
end
```

永久ループの最初は入力前回値の保存処理。デジタル信号がOFFからONに変わったことを判断するためだね。

```
inDataBf = inData
```

次からはHDC1000の温湿度の取得処理ね。まずは温湿度が取れるように設定値を書き込んでいるわ。

```
wrtConf = {0x02,0x10,0x00}
boadI2cW(0x80, wrtConf)
```

次は温湿度の取得コマンド書込みだ。

```
wrtTempHumi = {0x00}
boadI2cW(0x80, wrtTempHumi)
```

変換時間を待って、

```
sleep(15)
```

温湿度の 4 バイトのデータを取得ね。

```
tblRead = boadI2cR(0x81, 4)
```

次で取得した値を温湿度の文字列へ変換するよ。HDC1000 の変換式は温度が（取得値 /65536）× 165 − 40、湿度が（取得値 /65536）× 100 だったね。

```
tblSensor["temp"] = string.format("%.1f", ((tblRead[1] * 0x100
 + tblRead[2])/65536) * 165 - 40 )
tblSensor["hum"]  = string.format("%.1f", ((tblRead[3] * 0x100
 + tblRead[4])/65536) * 100)
```

その次は DIP IO ボードの入力値を取得ね。GPIO0,1 のみの値取得だから、下 2 ビットのみ取り出しているのね。

```
inData = boadGPI()
inData = bit32.band(inData, 0x03)
```

前回の下 1 ビットが 0 で今回の下 1 ビットが 0 より大きいってことだから、GPIO0 が OFF から ON に変わったら、16 ビットの範囲内でカウントアップしているのね。

```
if (bit32.band(inDataBf, 0x01) == 0) and (bit32.band(inData,
 0x01) > 0) then
    tblSensor["cnt"] = bit32.band(tblSensor["cnt"] + 1, 0xff)
end
```

次は、tblSensor を JSON 文字列に変換して、共有メモリの 10 バイト目から書き込んでいるのね。ここで温湿度と人感センサーのカウント値が共有メモリに書き込まれるのね。

```
jsonStr = cjson.encode(tblSensor) .. "¥n"
fa.sharedmemory("write", 10, #jsonStr, jsonStr)
```

共有メモリから 10 バイトデータ取得して、文字列をデコードしているのね。

```
jsonGpoStr = fa.sharedmemory("read", 0, 10, 0)
jsonGpo = cjson.decode(jsonGpoStr)
```

ここはオブジェクト指向の部分で JSON 文字列をデコードすると、JSON オブジェクトが受け取れるんだ。受け取ったオブジェクト内のメンバーに直接アクセスできるんだよ。

次に LED を制御する部分ね。メンバーに直接アクセスできるから、jsonGpo.gpo と記載すれば値が取れるんだね。それとビットを左に 2 つ移して、GPIO2,3 の出力値としているわね。

```
boadGPO(bit32.lshift(jsonGpo.gpo, 2))
```

次は、液晶表示の部分ね。上の行は、入力値と温度、下の行は出力値と湿度の表示ね。これならデバッグもしやすいわ。

```
lcdDsplay(0, 0, string.sub (bit32.band(inData, 0x01) .. " T:"
 .. tblSensor["temp"] .. "   ",0 ,8))
lcdDsplay(0, 1, string.sub (jsonGpo.gpo .. " H:" ..
tblSensor["hum"]   .. "   ",0 ,8))
```

最後に 50ms 待って永久ループだね。これがないとほかの処理をする時間がなくなってしまうよ。

```
sleep(50)
```

FlashAir 側のプログラムはこれだけだね。いままで作ってきたものを組み合わせているだけだから難しくなかったわ。

● FlashAir の CONFIG 変更とテスト

今回のプログラムは常駐プログラムだから CONFIG の設定を変更しなきゃいけないのよね？

そうだね。パソコンの SD カードスロットに挿して **SD_WLAN¥CONFIG** ファイルをメモ帳で開いて [Vendor] セクションの LUA_RUN_SCRIPT にこのプログラムを指定して更新しよう。

```
LUA_RUN_SCRIPT=/lua/pet.lua
```

更新したら、安全に取り外して DIP IO ボードで起動してみよう。

電源を入れると、動いたわ！

● スマートフォン　センサー値取得、FlashAirと通信フローチャート

今度はスマートフォン側だ。スマートフォン側は機能がたくさんあるから、まずはセンサー値の取得と、FlashAirのデータ取得とLED点滅からやってみよう。

温湿度の取得は以前テストしているから、このあたりはコピーすればいいんだよね。

そうだね。新しい部分はFlashAirとの通信部分だ。

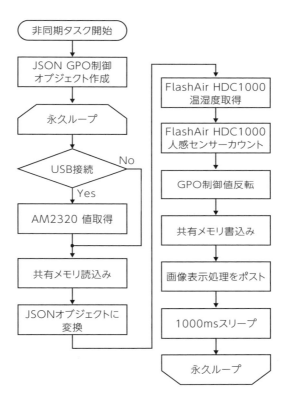

 ブー先生、いままでと比べると本格的な感じがするね。最初に非同期タスクを起動するんだね。

 そう。AndroidでHTTP通信を行うにはGUIスレッドから実行できないからね。今回はスレッドではなく、非同期タスクを使ってみるぞ。非同期タスクはAndroid用に作られたもので少し便利になっているからね。

 へーそうなんだ。どうして今回はアクティビティ破棄のイベントで非同期タスクを終わらせるの？

 スレッドや非同期タスクは画面がなくなっても動き続けるんだ。今回はUSB通信が失敗しても処理は継続するからアクティビティ破棄でちゃんと終了してあげるんだ。

● スマートフォン センサー値取得、FlashAir と通信プログラム

 では、Android Studio から **C:¥src¥AndroidStudio¥Pet1** を開いてみよう。

リスト 23-2　Pet1 の MainActivity.java

```java
 1  package com.km2net.pet1;
 2
 3  import android.os.AsyncTask;
 4  import android.os.Handler;
 5  import android.support.v7.app.AppCompatActivity;
 6  import android.os.Bundle;
 7  import android.util.Log;
 8  import android.view.View;
 9  import android.widget.Button;
10  import android.widget.TextView;
11  import android.widget.Toast;
12
13  import com.km2net.usbiofamily.UsbIoFamily;
14
15  import org.json.JSONException;
16  import org.json.JSONObject;
17
18  import java.io.BufferedReader;
19  import java.io.InputStreamReader;
20  import java.net.HttpURLConnection;
21  import java.net.URL;
22
23  public class MainActivity extends AppCompatActivity implements View.OnClickListener  {
24
25      UsbIoFamily uio;           //UsbIoFamily 制御オブジェクト
26      TextView txvTempAir;       //FlashAir 温度
27      TextView txvHumAir;        //FlashAir 湿度
28      TextView txvCountAir;      //FlashAir 人感センサー回数
29      TextView txvTempFsio;      //FlashAir 温度
30      TextView txvHumFsio;       //FlashAir 湿度
31      TextView txvSsrFsio;       //FlashAir 人感センサー回数
32      Button btnSsrFsio;         //SSR ボタン
33      MainActivity act;          // アクティビティ
34      Handler mHandler = new Handler();           // メソッドポスト用ハンドラ
35      DisplayData dsp = new DisplayData();         // 画面表示用のクラス生成
36      GetSharedMemory flashAir = new GetSharedMemory();    // 非同期実行クラス生成
37
```

```
38      @Override
39      protected void onCreate(Bundle savedInstanceState) {
40          super.onCreate(savedInstanceState);
41          setContentView(R.layout.activity_main);
42          //アクティビティオブジェクト保存
43          act = this;
44          //画面オブジェクト保存
45          txvTempAir   = (TextView)findViewById(R.id.txvTempAir);
46          txvHumAir    = (TextView)findViewById(R.id.txvHumAir);
47          txvCountAir  = (TextView)findViewById(R.id.txvCountAir);
48          txvTempFsio  = (TextView)findViewById(R.id.txvTempFsio);
49          txvHumFsio   = (TextView)findViewById(R.id.txvHumFsio);
50          txvSsrFsio   = (TextView)findViewById(R.id.txvSsrFsio);
51          btnSsrFsio   = (Button)  findViewById(R.id.btnSsrFsio);
52
53          //USB-FSIO接続までクリック不可
54          btnSsrFsio.setEnabled(false);
55          btnSsrFsio.setOnClickListener(this);
56
57                  //UsbIoFamily利用開始
58          uio = new UsbIoFamily(this, new UsbCallBack());
59
60          //非同期実行クラス実行
61          flashAir.execute();
62      }
63
64      //クリックイベント処理
65      @Override
66      public void onClick(View v) {
67          //btnOutが押された場合の処理
68          if (v.getId() == btnSsrFsio.getId()) {
69              //ポート番号2
70              uio.dataOut[0].Port = 2;
71              //ピン7を反転
72              uio.dataOut[0].Data = (byte)(uio.dataOut[0].Data ^ 0x80);
73              //その他未使用
74              uio.dataOut[1].Port = 0;
75              uio.dataOut[2].Port = 0;
76              uio.dataOut[3].Port = 0;
77              //UsbIoFamilyへ入出力指示
78              int ret = uio.ctlInOut();
79              //正常でない場合エラー表示
80              if (ret != UsbIoFamily.ERR_NONE) {
81                  Toast.makeText(act, "ctlInOut Err:" + ret, Toast.LENGTH_LONG).show();
```

```java
82                }
83                dsp.run();
84            }
85        }
86
87        // 画面破棄イベント
88        @Override
89        public void onDestroy() {
90            super.onDestroy();
91            // スレッドの終了
92            flashAir.bLoop = false;
93        }
94
95        //UsbIoFamily コールバッククラス
96        private  class UsbCallBack implements UsbIoFamily.Callbacks {
97            //USB 接続イベント
98            @Override
99            public void onUsbConnect() {
100                // ボタンクリック可
101                btnSsrFsio.setEnabled(true);
102                // 接続完了メッセージ表示
103                Toast.makeText(act, "onUsbConnect", Toast.LENGTH_LONG).show();
104            }
105            //USB 接続失敗イベント
106            @Override
107            public void onUsbConnectError() {
108                Toast.makeText(act, "onUsbConnectError", Toast.LENGTH_LONG).show();
109                // 終了
110                finish();
111            }
112            //USB 切断イベント
113            @Override
114            public void onUsbDisconnect() {
115                Toast.makeText(act, "onUsbDisconnect", Toast.LENGTH_LONG).show();
116                // 終了
117                finish();
118            }
119        }
120
121        // 非同期実行クラス
122    public class GetSharedMemory extends AsyncTask<Object, Object, Object> {
123            // スレッドループ変数
124            public boolean bLoop = true;
```

```
125              //executeで実行されるメソッド
126              @Override
127              protected Object doInBackground(Object... params) {
128                  int ret;
129                  int zCount = -1;
130                  JSONObject jsonLed = null;
131                  try {
132                      jsonLed = new JSONObject("{¥"gpo¥":0}");
133                  } catch (JSONException e) {}
134
135                  // 常時監視するため永久ループ
136                  while (bLoop) {
137                      try {
138                          //USB-FSIO30と接続のAM2320から温湿度計測
139                          if (uio.mIntf != null) {
140                              ret = getAM2320(dsp.dAm);
141                              if (ret != UsbIoFamily.ERR_NONE) {
142                                  Log.d("getAM2320", "Error Skip");
143                              }
144                          }
145
146                          //HTTP接続クラス定義
147                          HttpURLConnection con = null;
148                          //FlashAirの共有メモリアドレスを指定しURLオブジェクト生成
149                          URL url = new URL("http://192.168.179.101/command.cgi?op=130&ADDR=10&LEN=40");
150                          //URLからHTTP接続クラス生成
151                          con = (HttpURLConnection) url.openConnection();
152                          //HTTP接続
153                          con.connect();
154                          //InputStreamReader生成
155                          InputStreamReader is = new InputStreamReader(con.getInputStream());
156                          //BufferedReader生成
157                          BufferedReader br = new BufferedReader(is);
158                          // 先頭行をJSONオブジェクトに変換
159                          JSONObject jsonSensor = new JSONObject(br.readLine());
160                          // オブジェクトを閉じる
161                          br.close();
162                          is.close();
163                          con.disconnect();
164
165                          //FlashAirのHDC1000の温度取得
166                          dsp.dHdc[0] = jsonSensor.getDouble("temp");
```

```
167                        //FlashAirのHDC1000の湿度取得
168                        dsp.dHdc[1] = jsonSensor.getDouble("hum");
169                        //FlashAirの人感センサーカウント計算
170                        if (zCount >= 0xff && jsonSensor.getInt("cnt")
    < zCount) {
171                            //16ビットを一周した場合のカウント
172                            dsp.iCount = dsp.iCount + (0xff - zCount)
    + jsonSensor.getInt("cnt");
173                        }
174                        else if (jsonSensor.getInt("cnt") > zCount &&
    zCount >= 0) {
175                            // 前回値との差を加算
176                            dsp.iCount = dsp.iCount + (jsonSensor.
    getInt("cnt") - zCount);
177                        }
178                        // 前回値に値セット
179                        zCount = jsonSensor.getInt("cnt");
180
181                        // 値反転
182                        jsonLed.put("gpo", jsonLed.getInt("gpo") ^
    0x03);
183                        String sJsonLed = jsonLed.toString() + "\n";
184
185                        //HTTP接続クラス定義
186                        con = null;
187                        //FlashAirの共有メモリアドレスを指定しURLオブジェクト生
    成
188                        url = new URL("http://192.168.179.101/command.
    cgi?op=131&ADDR=0&LEN="
189                                + sJsonLed.length() + "&DATA="
    + jsonLed.toString());
190                        //URLからHTTP接続クラス生成
191                        con = (HttpURLConnection) url.
    openConnection();
192                        //HTTP接続
193                        con.connect();
194                        //HTTP通信
195                        con.getContent();
196                        // オブジェクトを閉じる
197                        con.disconnect();
198
199                        //UIスレッドへ処理をポスト
200                        mHandler.post(dsp);
201
202                        //1秒間隔で実行
203                        Thread.sleep(1000);
204                    } catch (Exception e) {
```

```
205                    // 異常発生時はログ出力
206                    e.printStackTrace();
207                    Log.d("GetSharedMemory", e.getMessage());
208                }
209            }
210            return null;
211        }
212
213        //AM2320 温湿度取得
214        //   data[0]:温度セット
215        //   data[1]:湿度セット
216        private int getAM2320(double data[]) {
217            try {
218                int ret;
219                //I2C 100kbps モードでオープン
220                ret = uio.ctlI2cMasterOpen((byte)0);
221                if (ret != UsbIoFamily.ERR_NONE) {
222                    Log.d("getAM2320", "ctlI2cMasterOpen Error:" + ret);
223                    return ret;
224                }
225
226                //AM2320 起動用ダミーデータ定義
227                byte[] wakeUp = {};
228                //AM2320 ADDRESS 0x5C と Write ビット 0 を結合し送信
229                ret = uio.ctlI2cWrite((byte) 0xB8, wakeUp);
230
231                //AM2320 温湿度取得コマンド定義
232                byte[] TempHumi = {(byte)0x03,(byte)0x00,(byte)0x04};
233                //AM2320 ADDRESS 0x5C と Write ビット 0 を結合し送信
234                ret = uio.ctlI2cWrite((byte)0xB8, TempHumi);
235                if (ret != UsbIoFamily.ERR_NONE) {
236                    Log.d("getAM2320", "ctlI2cWrite Error:" + ret);
237                    return ret;
238                }
239                //1.5ms 以上待つ
240                Thread.sleep(2);
241
242                byte[] temp = new byte[7];
243                //AM2320 ADDRESS 0x5C と Read ビット 1 を結合し送信
244                ret = uio.ctlI2cRead((byte)0xB9, temp);
245                if (ret != UsbIoFamily.ERR_NONE) {
246                    Log.d("getAM2320", "ctlI2cRead Error:" + ret);
247                    return ret;
248                }
```

```
249
250                // 温度取得
251                data[0] = (((temp[4] & 0xff) * 0x100 + (temp[5] &
    0xff) ) / 10.0);
252                // 湿度取得
253                data[1] = (((temp[2] & 0xff) * 0x100 + (temp[3] &
    0xff) ) / 10.0);
254            }
255            catch (Exception e) {
256                return UsbIoFamily.ERR_OTHER;
257            }
258            finally {
259                //I2Cクローズ
260                uio.ctlI2cClose();
261            }
262            return UsbIoFamily.ERR_NONE;
263        }
264    }
265
266    // 画面表示ポスト用クラス
267    class DisplayData implements Runnable {
268        public double dHdc[]= new double[2];       //HDC1000 温度 湿度
269        public int iCount = 0;                     // 人感センサーカウント
270        public double dAm[] = new double[2];       //AM2320 温度 湿度
271        public void run() {
272            // 各センサー値表示
273            txvTempAir.setText(String.format("%.1f", dHdc[0]));
274            txvHumAir.setText(String.format("%.1f", dHdc[1]));
275            txvCountAir.setText(String.format("%d", iCount));
276            txvTempFsio.setText(String.format("%.1f",dAm[0]));
277            txvHumFsio.setText(String.format("%.1f",dAm[1]));
278            if ((uio.dataOut[0].Data & 0x80) != 0) {
279                txvSsrFsio.setText("ON");
280            }
281            else {
282                txvSsrFsio.setText("OFF");
283            }
284        }
285    }
286 }
```

さすがに今回はプログラムが長いから、どんどん見ていこう！ 最初から見ていくと、importがあって、MainActivityのクラス定義があって、36行目はFlashAirと通信する非同期クラスを継承した定義だね。次に進むと、39行目のonCreateの中で変数に画面オブジェクトを割り当てて、UsbIoFamilyの接

続の後に、61行目で非同期クラスの実行。スレッドに比べるとすっきりしているね。

ThreadとRunnableのクラスを使わなくてもいいからね。

66行目からはonClickの処理で、ここでSSRのON/OFFをするんだね。72行目はON/OFFするビットを指定しているようだけど。「^」はビット反転だったね。83行目でポスト用のクラスで画面表示かな。こんな使い方もできるんだね。

そうなんだ。ここはGUIスレッド内だからポストする必要がないんだ。こうすれば、画面表示処理を1つにまとめられて便利だからね。

89行目からは、onDestroyの処理で非同期タスクを終わらせるところだね。ループ変数にfalseを入れてスレッドのループを止めるってことだね。96行目からはUSB-IO Familyコールバッククラスで、ここは何度も見ているから問題ないね。122行目からが非同期実行クラスだね。非同期実行クラスの定義の最後にObjectが並んでいるのは何？

ここがちょっとわかりにくいけど便利なところで、3つのメソッドdoInBackground、onProgressUpdate、onPostExecuteのパラメーターに渡せる型になっているんだ。スレッドだとパラメーターが渡せないけど非同期実行クラスはパラメーターが渡せる分ちょっと便利なんだ。今回は使っていないけどね。

なるほど。たしかにdoInBackgroundのパラメーターがObject型になっているよ。doInBackgroundメソッドの中を見ると、130行目からはJSONの定義をしているよ。

ここでFlashAirの出力ピンに対するJSONオブジェクトの初期化をしているんだ。catch内に何も処理がないのは、固定値を処理するからエラー処理を省いているんだ。

136行目からは永久ループの処理だね。変数bLoopがtrueの間、回り続けるんだね。ここでは、通信で異常があっても処理を繰り返すように204行目からのcatchにはエラーログ出力だけにしているんだね。永久ループの中では、最初にセンサーの値を取っているようだけど139行目のif文は何？

今回は起動直後に処理が動くから USB 接続されているとは限らない。だから、接続されている場合のみ、センサーの値を取りにいくようにしているんだ。

147 行目からは FlashAir と通信するところだね。URL クラスに FlashAir のアドレスを指定しているね。10 番目から 40 バイト取得の命令だね。

149 行目の URL クラス生成はアドレスに間違いがないか、しっかり確認しよう！

151 行目からは URL の接続だね。159 行目で取得した文字列を JSON オブジェクトに変換だね。

JSON 文字列を共有メモリに書き込むときに、改行コードも一緒に付ける仕様だったね。だから readLine メソッドでかんたんに 1 つの JSON 文字列を取ってくることができるんだ。

なるほどね。JSON オブジェクトが取得できたらクローズするよ。166 行目からは JSON オブジェクト内の変数から温度と湿度の取出し。170 行目からは前回のカウンター値が 0xff で、今回のカウンター値が前回より小さい場合だから 1 周したときのカウントアップ処理だね。174 行目からも**カウント処理で前回値が入っていて、数値が上がった場合にカウントアップしているね。**

カウントアップの処理は FlashAir 側がリセットしたことも想定しないとならないから、単純にカウントするだけではなく、このような処理が必要になるんだ。

カウントアップの処理が終わったら、179 行目で前回値として値を保存だね。182 行目からは、LED を点滅させるためにビットの反転を行っているんだよね？

そう。JSON オブジェクトのメンバーの値を更新するときは、put メソッドでパラメーターに指定した要素を更新するんだ。

183 行目は JSON オブジェクトを文字列に変換しているよ。186 行目からは FlashAir の共有メモリに書き込むための URL 作成だね。先頭から文字列の長さ分、書き込むコマンドだ。

188 行目も FlashAir のアドレスを間違えないように注意しよう！

195 行目は URL をオープンして、接続して、結果を読み込む必要がないから通信するだけだね。200 行目は画面の描画処理をポスト。203 行目で最後に 1000ms 待って、ループしているんだね。あとは、216 行目からはコピーしてもってきた温湿度の取得と、267 行目からの画面表示のクラスだね。

長いプログラムだけど、ひとつひとつ見ていくと難しくなかったよ！

● スマートフォンプログラムの実行

じゃあ、スマートフォン側を動かしてみるよ！ Android Studio から無線接続して、USB-FSIO30 を接続して実行！

FlashAir とつながって、温度と湿度が取れてる！

FlashAir 側の LED が点滅しているわ！

人感センサーが反応した回数も取れているね。無線でいろんなものがつながると感動だよ！

Try 6　Twitterの準備

[24] つぶやきを受信して制御してみよう！

ペットの見守り装置を作ることにした、たっくんとみきちゃん。今回はTwitterと接続し写真の撮影やつぶやきを受信して、電子制御する部分に挑戦です。

つぶやき方の検討

ブー先生、FlashAirとUSB-FSIO30からセンサーの値が取得できるようになったから、今度はインターネット側と接続してセンサー値をつぶやいたり、つぶやきから制御できるようにしたいね。

そうだね。プログラムに入る前に、つぶやくルールを作っておこう。ルールなしにつぶやくと、後で整理できなくなるからね。それとTwitterには制限もあるから注意しておこう。おもな制限は以下の通りだ。

表24-1　Twitterのおもな制限（15分間隔）

機能	回数
自分のホームタイムラインツイート一覧を取得	15
指定ユーザーのツイート一覧を取得	180
つぶやく	制限なし（15分以外の制限あり）

指定ユーザーだと一覧の取得がたくさんできるのね。つぶやくユーザーは決まっているから指定ユーザーのツイート一覧でよさそうね。でも制限に引っかかった場合はどうなるのかしら？

15分待てばまた使えるようになるぞ。

だったら問題なさそうだね。センサーの値は10分に1回ぐらいつぶやけばいいかな。たくさんあっても困るし。10分に1回なら1時間に6回。1日に144回のつぶやきだね。

あとはつぶやきを受信する回数だけど、1分に1回程度でいいかな？ ユーザーのツイート一覧は制限に余裕があるけど、通信量も減らしたいし、プログラムもかんたんにしたいからね。

1分以内に制御してくれるのなら問題ないかな。

つぶやきフォーマットの検討

今度はつぶやく内容のルールを決めよう。

できるだけ、無駄がなくてわかりやすくしたいわね。こんな形式でどうかしら？

項目名:値,項目名:値,……

そうだね。このルールなら分割しやすいし、いいかもね。センサー値をつぶやく場合はこうしようかな。

表24-2　センサー値つぶやきフォーマット
Data:08:40:00,温度(F):31.5,湿度(F):88.2,人感センサー:0,温度(U):0.0,湿度(U):0.0

項目	説明
Data	センサーデータの時刻(重複対策)
温度(F)	FlashAir接続の温度センサー値
湿度(F)	FlashAir接続の湿度センサー値
人感センサー	10分間隔のカウント値
温度(U)	USB-FSIO30側の温度センサー値
湿度(U)	USB-FSIO30側の湿度センサー値

指示つぶやきから電子制御するのは、SSRのON/OFFと写真撮影だからこれらのルールを作ればいいね。

それと、指示つぶやきを受信したら、その結果を返すつぶやきがないと指示を実行したのかどうかわからないから、実行結果を返すようにしよう。

表 24-3　指示つぶやきフォーマット

命令	つぶやき内容
写真撮影	撮影 :,Time:HH:MM:SS
SSR ON	SSR:ON,Time:HH:MM:SS
SSR OFF	SSR:OFF,Time:HH:MM:SS
実行結果	Run:HH:MM:SS, メッセージ : 受信 Tweet

● スマートフォン　つぶやきと指示フローチャート

つぶやきを受信してつぶやきに対する指示を実行する処理のフローチャートを書いてみたぞ。

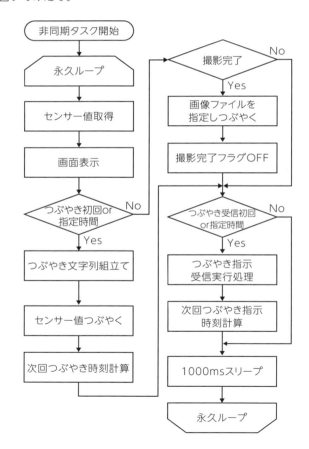

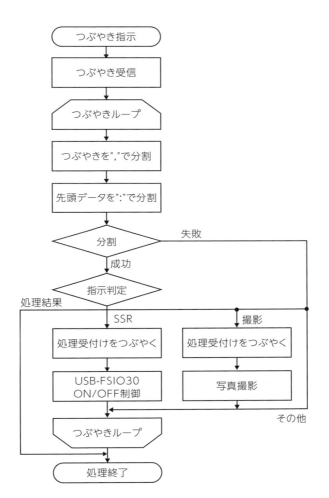

非同期タスク内で指定された時間になったらセンサー値をつぶやいたり、つぶやき指示を受信する処理が実行されるんだね。

● スマートフォン　つぶやき指示追加プログラム

今回のプログラムはカメラの処理が大きいから別クラスを用意して、かんたんに撮影できるようにしたことと、画面を横に固定したんだ。

どうして画面を横に固定したの？

実はスマートフォンのカメラは横向きが基本なんだ。縦で撮ろうとしたら、画面の向きと写真の向きを調整する必要があるから、かんたんに確実に正しい向きで写真撮影するには横向きが最適なんだ。

それでは、Android Studio から **C:¥src¥AndroidStudio¥Pet4** を開いてみよう。今回は非同期タスクの処理と、つぶやき関係の処理を見てみるぞ。

リスト 24-1　Pet4 の MainActivity.java

```java
1   // 非同期実行クラス
2   public class GetSharedMemory extends AsyncTask<Object, Object, Object> {
3       // スレッドループ変数
4       public boolean bLoop = true;
5       SimpleDateFormat sdf = new SimpleDateFormat("HH:mm:ss");
6       //execute で実行されるメソッド
7       @Override
8       protected Object doInBackground(Object... params) {
9           int ret;
10          int zCount = -1;
11          int zTweetCount = 0;
12          int tweetMin = -1;
13          int commandMin = -1;
14          JSONObject jsonLed = null;
15          try {
16              jsonLed = new JSONObject("{¥"gpo¥":0}");
17          } catch (JSONException e) {}
18
19          // 常時監視するため永久ループ
20          while (bLoop) {
21              try {
22                  //USB-FSIO30 と接続の AM2320 から温湿度計測
23                  if (uio.mIntf != null) {
24                      ret = getAM2320(dsp.dAm);
25                      if (ret != UsbIoFamily.ERR_NONE) {
26                          Log.d("getAM2320", "Error Skip");
27                      }
28                  }
29
30                  //HTTP 接続クラス定義
31                  HttpURLConnection con = null;
32                  //FlashAir の共有メモリアドレスを指定し URL オブジェクト生成
33                  URL url = new URL("http://192.168.179.101/command.cgi?op=130&ADDR=10&LEN=40");
34                  //URL から HTTP 接続クラス生成
35                  con = (HttpURLConnection) url.openConnection();
```

```
36                   //HTTP接続
37                   con.connect();
38                   //InputStreamReader生成
39                   InputStreamReader is = new InputStreamReader(con.
getInputStream());
40                   //BufferedReader 生成
41                   BufferedReader br = new BufferedReader(is);
42                   // 先頭行をJSONオブジェクトに変換
43                   JSONObject jsonSensor = new JSONObject(br.
readLine());
44                   // オブジェクトを閉じる
45                   br.close();
46                   is.close();
47                   con.disconnect();
48
49                   //FlashAirのHDC1000の温度取得
50                   dsp.dHdc[0] = jsonSensor.getDouble("temp");
51                   //FlashAirのHDC1000の湿度取得
52                   dsp.dHdc[1] = jsonSensor.getDouble("hum");
53                   //FlashAirの人感センサーカウント計算
54                   if (zCount >= 0xff && jsonSensor.getInt("cnt") <
zCount) {
55                       //16ビットを一周した場合のカウント
56                       dsp.iCount = dsp.iCount + (0xff - zCount) +
jsonSensor.getInt("cnt");
57                   }
58                   else if (jsonSensor.getInt("cnt") > zCount &&
zCount >= 0) {
59                       // 前回値との差を加算
60                       dsp.iCount = dsp.iCount + (jsonSensor.
getInt("cnt") - zCount);
61                   }
62                   // 前回値に値セット
63                   zCount = jsonSensor.getInt("cnt");
64
65                   // 値反転
66                   jsonLed.put("gpo", jsonLed.getInt("gpo") ^ 0x03);
67                   String sJsonLed = jsonLed.toString() +"\n";
68
69                   //HTTP接続クラス定義
70                   con = null;
71                   //FlashAirの共有メモリアドレスを指定しURLオブジェクト生成
72                   url = new URL("http://192.168.179.101/command.
cgi?op=131&ADDR=0&LEN="
73                                 + sJsonLed.length() + "&DATA=" +
jsonLed.toString());
74                   // URLからHTTP接続クラス生成
```

```
75                    con = (HttpURLConnection) url.openConnection();
76                    //HTTP 接続
77                    con.connect();
78                    //HTTP 通信
79                    con.getContent();
80                    // オブジェクトを閉じる
81                    con.disconnect();
82
83                    //UI スレッドへ処理をポスト
84                    mHandler.post(dsp);
85
86                    // 一定間隔でツイート
87                    if (tweetMin < 0 || tweetMin == Calendar.
    getInstance().get(Calendar.MINUTE) ) {
88                        // ツイート
89                        tweet("Data:" + sdf.format(new Date()) + ","
90                            + String.format(" 温度 (F):%.1f,",dsp.
    dHdc[0]) + String.format(" 湿度 (F):%.1f,",dsp.dHdc[1])
91                            + String.format(" 人感センサー :%d,",dsp.
    iCount - zTweetCount)
92                            + String.format(" 温度 (U):%.1f,",dsp.
    dAm[0])  + String.format(" 湿度 (U):%.1f",dsp.dAm[1])
93                        );
94                        // 前回カウント値保存
95                        zTweetCount = dsp.iCount;
96                        // 次回実行分設定
97                        tweetMin = (Calendar.getInstance().
    get(Calendar.MINUTE) / 10) * 10 + 10;
98                        if (tweetMin >= 60) {
99                            tweetMin = 0;
100                       }
101                   }
102                   // 写真が撮れていた場合
103                   else if (photo.bCommitPhoto == true) {
104                       // 写真送信
105                       tweet("Photo:" + sdf.format(new Date()),
    photo.sFileDir + "/" + photo.sTempPicFile);
106                       photo.bCommitPhoto = false;
107                   }
108                   // 一定間隔でユーザータイムライン取得し処理実行
109                   if (commandMin < 0 || commandMin == Calendar.
    getInstance().get(Calendar.MINUTE) ) {
110                       runTweetCommand();
111                       // 次回実行分設定
112                       commandMin = Calendar.getInstance().
    get(Calendar.MINUTE) + 1;
113                       if (commandMin>= 60) {
```

```
114                            commandMin = 0;
115                        }
116                    }
117
118                    //1秒間隔で実行
119                    Thread.sleep(1000);
120                } catch (Exception e) {
121                    // 異常発生時はログ出力
122                    e.printStackTrace();
123                    Log.d("GetSharedMemory", e.getMessage());
124                }
125            }
126        return null;
127    }
128
129    // つぶやき指示実行処理
130    private void runTweetCommand() {
131        try {
132            // ユーザータイムライン取得
133            List<twitter4j.Status> userTweet = tweet(false, null, null);
134            // 新しいもの順になっているデータを処理
135            for (twitter4j.Status lineOne : userTweet) {
136                // コマンド取得
137                String[] sCol = lineOne.getText().split(",");
138                if (sCol.length > 0) {
139                    // コマンド取得
140                    String[] sCmd = sCol[0].split(":");
141                    if (sCmd.length > 0) {
142                        // コマンド実行済みなら次の指示待つ
143                        if (sCmd[0].compareTo("Run") == 0) {
144                            break;
145                        }
146                        //SSR 制御
147                        if (sCmd[0].compareTo("SSR") == 0) {
148                            if (uio.mIntf != null) {
149                                tweet(true, "Run:" + sdf.format(new Date()) + ", 指示:" + lineOne.getText(), null);
150                                // ポート番号2
151                                uio.dataOut[0].Port = 2;
152                                // ピン7をON/OFF
153                                if (sCmd[1].compareTo("ON") == 0) {
154                                    uio.dataOut[0].Data = (byte)(uio.dataOut[0].Data | 0x80);
155                                } else {
156                                    uio.dataOut[0].Data = (byte)(uio.dataOut[0].Data & 0x7F);
```

```
157                                }
158                                // その他未使用
159                                uio.dataOut[1].Port = 0;
160                                uio.dataOut[2].Port = 0;
161                                uio.dataOut[3].Port = 0;
162                                //UsbIoFamilyへ入出力指示
163                                uio.ctlInOut();
164                            }
165                            else {
166                                tweet(true, "Run:" + sdf.
    format(new Date()) + ",メッセージ:USB-FSIO30 未接続 " + lineOne.
    getText(), null);
167                            }
168                            break;
169                        }
170                        // 撮影コマンド実行
171                        if (sCmd[0].compareTo("撮影") == 0) {
172                            tweet(true, "Run:" + sdf.format(new
    Date()) + ",指示:" + lineOne.getText(), null);
173                            photo.getPicSync();
174                            break;
175                        }
176                    }
177                }
178            }
179        }
180        catch (Exception e){
181            e.printStackTrace();
182        }
183    }
184    //ツイート
185    //  modeTweet:true=ツイートモード
186    //  strTweet:ツイート文字列
187    //  sPhotoFile:撮影写真コミットファイル名
188    @Nullable
189    private List<twitter4j.Status> tweet(boolean modeTweet, String
    strTweet, String sPhotoFileName) {
190        try {
191            // 設定クラス作成
192            ConfigurationBuilder cb = new ConfigurationBuilder();
193            // 接続設定
194            cb.setDebugEnabled(true)
195                    .setOAuthConsumerKey("pnHqthyDIrwxGLRtHnLR7O
    fq7")
196                    .setOAuthConsumerSecret("FEXGxhianvsufY1d1Qop3
    Bf7QbSycrgFoVjzXIXqdiSHUBMaV2")
```

```
197                     .setOAuthAccessToken("357238311-ZQJwwdNwR6kT1k
sTTkRfxjNG7mMydEr41pcdHpNM")
198                     .setOAuthAccessTokenSecret("4qWlar0UUGd3TykpNr
3IpxIzFJfJHBqrnxV3mx0Id04co");
199
200             // 設定からTwitterファクトリクラス作成
201             TwitterFactory tf = new TwitterFactory(cb.build());
202
203             //Twitterインスタンス取得
204             Twitter twitter = tf.getInstance();
205
206             // つぶやきモードの場合
207             if (modeTweet == true) {
208                 if (sPhotoFileName == null) {
209                     // つぶやく
210                     twitter.updateStatus(strTweet);
211                 }
212                 else {
213                     // ツイートと画像添付
214                     File jpg = new File(sPhotoFileName);
215                     twitter.updateStatus(new
StatusUpdate(strTweet).media(jpg));
216                 }
217             }
218             else {
219                 // 自分の最新タイムラインを取得
220                 return twitter.getUserTimeline();
221             }
222         } catch (Exception e) {
223             e.printStackTrace();
224         }
225         return null;
226     }
227 }
```

非同期実行クラスの変更箇所を見てみるとUSB-FSIO30とFlashAirからセンサー値を取得した後の87行目からつぶやき処理が追加になっているね。ここで指定された分になったらtweetメソッドでつぶやいているね。
97行目で現在時刻の分から、次の10分後を求めているね。
103行目からは、写真が撮影されていたら、写真をつぶやく処理になっているね。

写真撮影は、画面のプレビューをタッチしても撮影するようになっているから、写真が撮られていたらつぶやく処理にしているんだ。

109 行目からはユーザータイムラインを取得して、つぶやき指示のメソッドをコールしているわ。112 行目では 1 分後の分を取得して、1 分に 1 度処理を実行するよう制御。130 行目からはつぶやき指示実行処理だわ。133 行目でユーザータイムラインを List に取ってきて for 文でループしているのね。

受信したタイムラインはデフォルトでは新しいもの順になっているから、新しいもの順で処理するんだ。

137 行目からはつぶやきを分割しているね。まずは「,」で区切られているから、分割しているんだね。分割できたら 140 行目で「:」で分割して、項目と内容に分けているね。143 行目からが指示に対する処理で、まずは "Run" だったら break しているけどどうして？

指示を一度実行したら、もう実行してはいけないよね。1 分後に読み込んだときに、実行済みの判断をこれでしているんだ。だから "Run" が見つかったらこれより古いつぶやきは処理する必要がないから for 文を抜けるんだ。

147 行目は SSR の指示の処理だね。148 行目で USB-FSIO30 とつながっているか確認して、つながっていたら ON/OFF の制御をしているね。149 行目で指示を受け付けたことをつぶやいて、166 行目では指示は受け付けたけど USB-FSIO30 がつながっていないことをつぶやいているね。

154、156 行目でビットの値を ON/OFF に合わせて変更しているんだけど、ほかのピンに影響を与えないように、論理和や論理積を使って対象のビットだけを操作しているんだ。

171 行目からは撮影指示の処理だね。172 行目で指示を受け付けたことをつぶやいて、173 行目で写真撮影だね。でも撮影しても送ってないけど。

写真撮影すると、もう一度ループを回ったときに送るようにしているんだ。このプログラムは、時間で動いているからループが 1 回転する時間をできるだけ短くしたいからね。

189 行目からはつぶやき処理だね。パラメーターでつぶやいたり、タイムラインを取得したりするんだね。194 行目からはキーやシークレットを指定だね。

ここは、https://apps.twitter.com/ から自分のアプリの Access Token を間違えないように入力しよう。間違えるとつながらないぞ。

201行目でファクトリを生成して、204行目でインスタンスを生成して、207行目でつぶやくか、タイムラインの取得を判断しているね。つぶやく場合は、208行目で写真があるかないかを判断して写真がある場合は、写真の場所を指定すれば画像付きでつぶやけるんだね。220行目は、ユーザータイムラインを取得した結果を返しているところだね。

● スマートフォンプログラムの実行

じゃあ、プログラムを実行するよ。

つぶやかれてる〜♪ でもUSB-FSIO30の温度が0だね。

プログラム実行後、最初はすぐにつぶやくようにしているんだ。初回のつぶやきでは、USB-HOST利用の認証があってUSB-FSIO30との接続がまだできていないから0があがっているね。

よーし、プログラムを実行してサーキュレーターを回してみるよ！ サーキュレーターを回すには「SSR:ON,Time:HH:MM:SS」でつぶやくよ。

 スマートフォンからサーキュレーターの制御ができたわ！ すごーい。

 次は写真撮影してみよう。「撮影:,Time:HH:MM:SS」でつぶやくよ。

 私たちが作ったモノがインターネットを通じて情報を取得したり制御できたり、感動だわ♪

 最先端なことをやっているみたいで楽しいよ！

おわりに

たっくん、みきちゃん。インターネットを使った電子制御は楽しかったかな？

スマートフォンで電子制御できるなんて知らなかったよ。スマートフォンを使うと、インターネットに直接つながることもできるし、USB-IO ともつながるし、FlashAir ともつながるし、なんだかもっといろんなことができそうでわくわくするよ。

私は Lua スクリプトがなかなか思い通りに動かなくて苦労したわ。FlashAir だとデバッグができないから、間違っている箇所にたどり着くのに時間がかかったわ。でもその分、液晶に温度が表示されたときにはうれしかったわね。

FlashAir は無線ということもあって、本当に動いているかどうかわからないから、電源を何度も入れ直していたよね。

そうそう。ほんとに正しく動き出すまで目が離せなかったよ。いったんつながって動き出すとスムーズにいくんだけどね。

このあたりは電源の安定具合と無線 LAN の接続が絡んでいるから何も表示がない FlashAir はわかりづらいんだ。だからセンサーの動作はいったん USB-FSIO30 などを使って確認して、FlashAir のプログラムは確実に動作するよう開発するのが成功への近道だ。

それにしても今回の工作は、最先端な感じがして誇らしいよ。これからもどんどんインターネットにいろんなモノがつながるんだろうけど、僕たちの作ったモノが基本的な仕組みなんだよね。
よーし。モノとインターネットをもっともっとつなげてもっと便利な世界にするぞ！

Appendix

- **Appendix I** USB-IO Family ライブラリリファレンス　　230
- **Appendix II** DIP IO Lua ライブラリリファレンス　　235
- **Appendix III** Lua 5.2.1 基本ライブラリ　　238

USB-IO Family ライブラリリファレンス

● クラス

public class UsbIoFamily extends BroadcastReceiver

USB-IO Family を利用するためのオブジェクトを返します。
AndroidManifest.xml 追加項目は次の通りです。

Manifest に追加
```
<uses-feature android:name="android.hardware.usb.host" />
```

intent-filter に追加
```
<action android:name= "android.hardware.usb.action.USB_DEVICE_ATTACHED" />
```

activity に追加
```
<meta-data android:name= "android.hardware.usb.action.USB_DEVICE_ATTACHED"  android:resource="@xml/device_filter" />
```

res/xml/device_filter.xml の記載内容は次の通りです。

device_filter.xml
```
<resources>
        <usb-device vendor-id="4946" product-id="272" />
        <usb-device vendor-id="4946" product-id="273" />
        <usb-device vendor-id="4946" product-id="288" />
        <usb-device vendor-id="4946" product-id="289" />
</resources>
```

● コールバッククラスインターフェイス

public interface Callbacks

コールバックメソッドをオーバーライドし、処理を記載してください。生成したオブジェクトは UsbIoFamily クラスのコンストラクタへ渡します。

コールバックメソッド

型	コールバックメソッド	説明
void	onUsbConnect()	UsbIoFamily 接続時コールバック
void	onUsbConnectError()	UsbIoFamily 接続異常時コールバック
void	onUsbDisconnect()	UsbIoFamily 切断時コールバック

● フィールド

USB 接続関連

型	フィールド	説明
final int	MyVendorID= 0x1352	USB-IO Family のベンダー ID
int	MyProductIDs[] = {0x0110,0x0111,0x0120,0x0121}	USB-IO Family のプロダクト ID
UsbManager	mUsbManager	USB 接続オブジェクト※
UsbDeviceConnection	mConnection	USB 接続オブジェクト※
PendingIntent	mPermissionIntent	USB 接続オブジェクト※
UsbDevice	mUsbDevice	USB 接続オブジェクト※
UsbInterface	mIntf	Null の場合未接続。USB 接続オブジェクト※

※ Android developers の API ガイド USB Host 参照
https://developer.android.com/guide/topics/connectivity/usb/host.html

エラーコード

型	フィールド	説明
final int	ERR_NONE = 0	エラーなし
final int	ERR_OPEN = -1	オープンエラー
final int	ERR_NOT_OPEN = -2	未オープンエラー
final int	ERR_NOT_SUPPORT = -3	未サポートエラー
final int	ERR_SENDRECV = -4	送受信エラー
final int	ERR_OTHER = -9	その他エラー
final int	ERR_I2C_W_START = 0x01	I2C 書込みスタート衝突エラー

型	フィールド	説明
final int	ERR_I2C_W_MODE = 0x02	I2C 書込みモードエラー
final int	ERR_I2C_W_DATA = 0x03	I2C データ書込みエラー
final int	ERR_I2C_W_ACK = 0x04	I2C 書込み ACK 未確認エラー
final int	ERR_I2C_W_STOP = 0x05	I2C 書込みストップ衝突エラー
final int	ERR_I2C_R_START = 0x11	I2C 読込みスタート衝突エラー
final int	ERR_I2C_R_MODE = 0x12	I2C 読込みモードエラー
final int	ERR_I2C_R_DATA = 0x13	I2C データ読込みエラー
final int	ERR_I2C_R_ACK = 0x14	I2C 読込み ACK エラー
final int	ERR_I2C_R_STOP = 0x15	I2C 読込みストップ衝突エラー

● コンストラクタ

public UsbIoFamily(Activity act, Callbacks cb)

オブジェクトを生成し、USB 接続を行い、イベント発生時にコールバックメソッドを呼び出します。

● デジタル入出力

デジタル入出力メソッド

型	メソッド	説明
int	ctlInOut()	デジタル入出力フィールドを利用し、入出力を行い結果を返す 戻り値　フィールド値のエラー番号

デジタル出力値クラス：public class DataOut

型	フィールド	説明
byte	Port	ポート番号。0 の場合は未出力
void	Data	出力値

デジタル入出力フィールド

型	フィールド	説明
DataOut[]	dataOut = new DataOut[4]	指定されたポートに出力する
byte[]	dataIn = new byte[4]	デジタル入力時に各ポートの値を更新する。添え字＋1がポート番号

● アナログ入力

アナログ入力メソッド

型	メソッド	説明
int	ctlADIn()	アナログ入力フィールドを利用し、指定されたチャネルのアナログ入力を行う **戻り値**　フィールド値のエラー番号

アナログ入力値クラス：public class DataAD

型	フィールド	説明
byte	Chanel	アナログ入力チャネル。0 の場合は未入力
int	AD	アナログ入力値。電圧 (mV) に変換するには 5000/1023 を掛ける

アナログ入力フィールド

型	フィールド	説明
DataAD[]	dataAD = new DataAD[8]	指定されたチャネルのアナログ値入力

● PWM

PWM メソッド

型	メソッド	説明
int	ctlPwmPeriod()	PWM 間隔フィールドを利用し、PWM の間隔を設定する **戻り値**　フィールド値のエラー番号
int	ctlPwmDuty()	PWM 出力フィールドを利用し、PWM の出力時間を設定する **戻り値**　フィールド値のエラー番号
int	ctlPwmOn(byte dataPwmOn)	PWM の出力を ON/OFF する **dataPwmOn**　ビット ON が出力、OFF が停止。ビット位置とチャネルが対応 **戻り値**　フィールド値のエラー番号

PWM フィールド

型	フィールド	説明
int[]	dataPwmPeriod = new int[5]	66.83us 単位の PWM の間隔。添え字＋1 がチャネル番号
int[]	dataPwmDuty= new int[5]	66.83us 単位の出力時間。添え字＋1がチャネル番号

● I2C メソッド

型	メソッド	説明
int	ctlI2cMasterOpen(byte mode)	I2C ポートをオープンする mode　0：100kbps、1：400kbps 戻り値　フィールド値のエラー番号
int	ctlI2cWrite(byte addressW, byte[] data)	指定アドレスへデータを送信する addressW　7ビットスレーブアドレスと1ビット書込みフラグを加えた8ビット値 data　送信データ 戻り値　フィールド値のエラー番号
int	ctlI2cRead(byte addressR, byte[] data)	指定アドレスからのデータを受信する addressR　7ビットスレーブアドレス1ビット読込みフラグを加えた8ビット値 data　受信データ 戻り値　フィールド値のエラー番号
int	ctlI2cClose()	I2C ポートをクローズする 戻り値　フィールド値のエラー番号

● 直接送受信メソッド

型	メソッド	説明
int	ctlSendRecv(byte[] sendData, byte[] recvData)	sendData を送信し、recvData に結果を受信する。送受信の内容は 64byte の通信レイアウト参照 sendData　64byte の送信データ recvData　64byte の受信データ 戻り値　フィールド値のエラー番号

● 切断メソッド

型	メソッド	説明
int	disconnect()	デバイスを切断する 戻り値　フィールド値のエラー番号

DIP IO Lua ライブラリリファレンス

● CommonDipIo.lua

DIP IO ボードの制御ライブラリです。

関数	binString(num, bit)
引数	num: 数値
	bit: 変換ビット数
戻り値	2 進数文字列
説明	引数 num で指定された bit 数分下位ビットを 2 進数文字列に変換する
関数	boadInit(confIo)
引数	confIo:2 ビット× 4 つの GPIO 定義 (01 は入力、10 は出力)
戻り値	なし
説明	DIP IO ボードを初期化し、GPIO0-3 の入力モードと出力モードを confIo で設定する (例　GPIO0,1 を入力、GPIO2,3 を出力に設定する場合、2 進数で "10100101" となるため、0xA5 となる)
関数	boadGPO(send)
引数	send:GPIO ピン出力値の送信データ
戻り値	なし
説明	DIP IO ボードの入出力を行う 下位 4 ビットと GPIO0-3 が対応
関数	boadGPI()
引数	なし
戻り値	GPIO 入力値
説明	GPIO ピン入力値を取得し、1 バイトの数値を返却する 下位 4 ビットと GPIO0-3 が対応
関数	boadI2cW(adr, tblData)
引数	adr:I2C アドレス+ WriteBit (8Bit)
	tblData: 書込みデータテーブル
戻り値	なし
説明	DIP IO ボードの I2C に 1 バイトずつデータを書き込む adr には WriteBit を含めた 8Bit を指定する

関数	boadI2cR(adr, len)
引数	adr:I2C アドレス+ ReadBit (8Bit)
	len: 読込みバイト数
戻り値	読込みデータテーブル
説明	DIP IO ボードの I2C から受信したデータを読み込む adr には ReadBit を含めた 8Bit を指定する

● CommonLcd.lua

DIP IO ボードの液晶制御ライブラリです。

本ライブラリを利用するには、CommonDipIo.Lua も一緒に読み込んでください。

関数	lcdInit(slaveAdr, contrast)
引数	slaveAdr:I2C アドレス+ WriteBit (8Bit)
	contrast: コントラスト値 (6Bit)
戻り値	なし
説明	DIP IO ボードに I2C 接続された液晶の slaveAdr へ初期化データを送信する slaveAdr には WriteBit を含めた 8Bit を指定する contrast 参考値：電源 5V 利用時に 0x16
関数	lcdCmd(data, afSleep)
引数	data: コマンド (1Byte)
	afSleep: コマンド後待ち時間 (ms)
戻り値	なし
説明	指定コマンドを lcdInit で指定したアドレスに書き込み、その後 afSleep で指定した時間分スリープする
関数	lcdDsplay(x, y, str)
引数	x: 表示桁
	y: 表示行
	str: 送信文字列
戻り値	なし
説明	液晶ディスプレイの x、y で指定された場所から文字列を表示する 本書籍では、8×2 の液晶だが、他のサイズの液晶も ST7032 と互換性がある制御チップ搭載なら利用可能

● CommonWeb.lua

FlashAir の Web 共通ライブラリです。

関数	getUrlParam(param, errVal)
引数	param:URL パラメーター
	errVal: 取得できなかった場合の値 (省略可)
戻り値	パラメーター値
説明	param に指定された URL パラメーターの値を返す パラメーターが取得できなかった場合は、errVal の値を返す
関数	printBR(str)
引数	str: 文字列
戻り値	なし
説明	指定された文字列に、" " を付加し print する

Lua 5.2.1 基本ライブラリ

● はじめに

FlashAir で Lua を利用するうえで有益な関数の説明を行います。詳細は **http://www.lua.org/manual/5.2/** を参考にしてください。

● 第 3 世代 FlashAir での制限事項

FlashAir ではメモリ制約のため以下の機能は利用できません。

- コルーチン操作
- OS 機能
- 数学関数
- デバッグライブラリ

● 変数

変数の定義は不要です。変数名、関数名は大文字小文字を区別します。変数の型は自動です（値が型を持ちます）。

テーブルの添え字は 1 始まりで、連想配列を実装しているため、数値以外もインデックスに利用可能です。

スコープはグローバルです。ただしローカル変数として定義した場合のみローカル変数として利用できます。

変数の利用例

```
a = "abc"                        -- グローバル変数
local b = "abc"                  -- ローカル変数
c = {"a", "b", "c"}              -- テーブル初期化
d = {d="a", e="b", f="c"}        -- テーブルとキーを初期化
```

● ガーベージコレクション

Lua は自動メモリ管理を行います。ですが FlashAir のメモリは少ないため、すぐにメモリ不足に陥ります。関数を抜ける前に collectgarbage() を実行することをおすすめします。

● キーワード

キーワード	説明	例

if
else
elseif
and
not
or
	条件判定	if (a==1) and (b~=1) then
		　:
		elseif not(c<1) or (d>=1) then
		　:
		else
		　:
		end

for	範囲を指定してループ	for i = 1, 10 do 　: end
while	条件が true の間ループ	while (i==0) do 　: end
repeat until	条件が true の場合にループから抜ける	repeat 　: until(a==1)
break	for、while、repeat のループから抜ける	
function	関数の定義	function func(a, b) 　: end
return	関数の戻り値を返却。複数返却が可能	return val1 return val1,val2
local	ローカル変数の定義	local a = 1
nil	値なし	
true false	真偽値	

● 基本関数

パラメーターの [] 内は省略可能です。

関数	collectgarbage([opt [, arg]])
説明	変数未設定時は "collect" と同等で完全なガーベージコレクションサイクルを実行する 関数を抜ける前に collectgarbage() の実行を推奨
関数	ipairs (t)
説明	テーブルの先頭から添え字と値を返し、存在しない添え字が見つかるまで反復処理する。そのため、テーブル内のすべての値を反復しない場合がある
例	for i,v in ipairs(t) do 　　： end
関数	pairs (t)
説明	テーブル内のすべての添え字と値を返し、反復処理する
例	for k,v in pairs(t) do 　　： end
関数	print (…)
説明	すべての引数を、tostring 関数を使用してその値を出力する
関数	tonumber (e [, base])
説明	e を base 進数で数値に変換する base 進数未指定時は 10
例	tonumber("1f",16) --16 進数文字列を数値に変換
関数	tostring (v)
説明	v を文字列に変換する
関数	_VERSION
説明	Lua のバージョンを返す
関数	require(modname)
説明	package.path で指定された場所からモジュールを読み込む
例	package.path = "/lua/?.lua" require("CommonDiplo")

● 文字列操作関数

関数	string.byte (s [, i [, j]])
説明	s[i] 文字の内部の数値コードを返す i の既定値は 1、j の既定値は i
例	print(string.byte ("a",1))　-- 結果 :97
関数	string.char (…)
説明	数値を文字に変換する
例	print(string.char(97,98,99)) -- 結果 :abc
関数	string.find (s, pattern [, init [, plain]])
説明	文字列 s の pattern の最初の一致を検索し、発見した開始値と終了値を発見数分返却する
例	print(string.find("abc","bc"))　　-- 結果 :2 3
関数	string.format (formatstring, …)
説明	format に従って文字列を作成する
例	print(string.format("%d", 5 / 3)) -- 結果 :1 print(string.format("%06.3f", 5 / 3))　-- 結果 :01.667
関数	string.gmatch (s, pattern)
説明	文字列 pattern にマッチする値を反復処理する
例	s = "from=world, to=Lua" for k, v in string.gmatch(s, "(%w+)=(%w+)") do 　　print(k,v," ") end -- 結果 : from world --　　 to Lua
関数	string.len (s)
説明	文字列 s の長さを返す
関数	string.lower (s)
説明	文字列 s を小文字に変換した値を返す
関数	string.rep (s, n [, sep])
説明	文字列 s と sep の結合文字列を n 回繰り返した文字列を返す rep のデフォルト値は ""
例	print(string.rep ("a", 3))　-- 結果 :aaa
関数	string.reverse (s)
説明	文字列を逆から表示する文字列を返す
例	print(string. reverse ("abc"))　-- 結果 :cba

関数	string.sub (s, i [, j])
説明	文字列 s の i から j までの文字列を返す。j 未指定時は文字列の最後までの指定になる i,j は 1 始まり
例	print(string.sub("abc"),1,2)　-- 結果 :ab
関数	string.upper (s)
説明	文字列 s を大文字に変換した値を返す

● テーブル操作関数

関数	table.concat (list [, sep [, i [, j]]])
説明	list テーブルを添え字 i から j まで sep と共に結合した結果を返す
例	t={10,20,30} print(table.concat(t,"-")) -- 結果 :10-20-30
関数	table.insert (list, [pos,] value)
説明	list テーブルの pos 番目に value を追加する pos が未指定の場合は最後に追加
関数	table.remove (list [, pos])
説明	list テーブルの pos 番目の要素を削除する pos が未指定の場合は最後の要素を削除
関数	table.sort (list [, comp])
説明	list テーブルをソートする
例	昇順ソート例 　t={20,10,30} 　table.sort(t) 　print(table.concat(t,"-")) 　-- 結果 10-20-30 降順ソート例 　t={20,10,30} 　table.sort(t,function(a,b) return a > b end) 　print(table.concat(t,"-")) 　-- 結果 30-20-10

● ビット操作関数

関数	bit32.band (…)
説明	パラメーターで指定された値の論理積を返す
例	print(bit32.band(0x05, 0x01)) -- 結果 :1
関数	bit32.bor (…)
説明	パラメーターで指定された値の論理和を返す
例	print(bit32.bor(0x05, 0x02)) -- 結果 :7
関数	bit32.bxor (…)
説明	パラメーターで指定された値の排他的論理和を返す
例	print(bit32.bxor(0x05, 0x03)) -- 結果 :6
関数	bit32.lshift (x, disp)
説明	数値 x を disp ビット左へ移動する
例	print(bit32.lshift(0x02, 2)) -- 結果 :8
関数	bit32.rshift (x, disp)
説明	数値 x を disp ビット右へ移動する
例	print(bit32.rshift(0x04, 2)) -- 結果 :1

● LuaFileSystem 関数

　FlashAir 単独での利用時は、突然電源が切られることがあるため、ファイルをオープンしている時間をできるだけ短くすることをおすすめします。

関数	io.open (filename [, mode])
説明	filename を mode でオープンし file オブジェクトを返す mode 値は下記 "r": 読取りモード (既定値) "w": 書込みモード "a": 追加モード "r+": 更新モード。以前のデータは保持 "w+": 更新モード。以前のデータは消去 "a+": 追加更新モード。以前のデータは保持
関数	file:close ()
説明	ファイルをクローズする
関数	file:flush ()
説明	キャッシュを保存する
関数	file:lines (…)
説明	1 行ずつデータを反復取得する

関数	file:read (…)
説明	パラメーターによりファイルを読み込む 数値 : 指定バイト数読み込む "*l": 次の行を読み込む (規定値) "*a": 現在の位置からすべて読み込む
関数	file:seek ([whence [, offset]])
説明	whence で指定した位置から offset バイト、ファイルの位置を移動する whence 値は下記 "set": ファイルの先頭 "cur": 現在の位置 "end": ファイルの終わり
関数	file:write (…)
説明	各引数の値を file に書き込む

ファイル読書きの利用例

```
f = io.open ("/lua/test.txt", "w+")    -- 以前のデータ消去書込みオープン
f:write("file write OK!")              -- 文字列書込み
f:seek ("set", 0)                      -- ファイルの先頭に移動
print(f:read("*l") .. "<BR>")          --1 行読込み
io.close(f)                            -- ファイルクローズ
```

● CJSON 関数

CJSON の詳細についてはこちらを参考にしてください。

http://www.kyne.com.au/~mark/software/lua-cjson.php

処理	cjson.decode(s)
説明	文字列 s を JSON オブジェクトに変換した値を返す
例	j=cjson.decode("{\"gpo\":1}") print(j.gpo) -- 結果 :1
処理	cjson.encode(tbl)
説明	テーブル tbl を JSON 文字列に変換する
例	tbl={gpo=1} print(cjson.encode(tbl)) -- 結果 : {"gpo":1}

CJSON の利用例

```
--JSON オブジェクト生成
j=cjson.decode("{\"a\":1, \"b\":{ \"c\":\"abc\"}}")
j.abc = "add"              --JSON オブジェクト追加
j.b.c = j.b.c .. j.abc     --JSON オブジェクト更新
print(j.b.c)               -- 結果 :"abcadd"
```

● Lua の FlashAir 独自機能

Lua の FlashAir 独自機能のリファレンスはこちらを参照してください。

https://flashair-developers.com/ja/documents/api/lua/reference/

関数	説明
request	HTTP リクエストの発行
HTTPGetFile	HTTP を使用したファイルのダウンロード
pio	SD インターフェイスの PIO 制御
FTP	FTP を使用したファイルのアップロード、ダウンロード
hash	ハッシュの計算
Scan	SSID スキャンの実行
GetScanInfo	SSID スキャン結果の取得
Connect	STA モードで無線 LAN の有効化
Establish	AP モードで無線 LAN の有効化
Bridge	インターネット同時接続モードで無線 LAN の有効化
Disconnect	無線 LAN の停止
sleep	指定時間だけスクリプトの実行を停止
sharedmemory	共有メモリのデータを読込みあるいは書込み
SetCert	ルート証明登録
strconvert	文字列変換
SetChannel	無線チャネル
MailSend	メールの送信
spi	SPI 操作
ReadStatusReg	FlashAir 自身のステータスレジスターを取得
ip	IP アドレスを設定
WlanLink	接続確認
remove	ファイルの削除
rename	ファイル名の変更

● FlashAir の Web 機能（command.cgi）

FlashAir で利用する command.cgi のリファレンスはこちらを参照してください。

https://flashair-developers.com/ja/documents/api/commandcgi/

command.cgi を使うと、スマートフォン、PC などから、無線 LAN 経由で FlashAir の情報を取得したり、設定を変更したりできます。

CGI（Common Gateway Interface）という仕組みを利用しており、FlashAir に接続した状態で、下記の URL に HTTP GET リクエストを発行することでコマンドを実行できます。

http://flashair/command.cgi?< パラメーター >

機能	パラメーター
ファイルリストの取得	op=100&DIR=/DCIM
ファイル数の取得	op=101&DIR=/DCIM
アップデート情報の取得	op=102
SSID の取得	op=104
ネットワークパスワードの取得	op=105
MAC アドレスの取得	op=106
ブラウザー言語の取得	op=107
ファームウェアバージョン情報の取得	op=108
制御イメージの取得	op=109
無線 LAN モードの取得	op=110
無線 LAN タイムアウト時間の設定	op=111
アプリケーション独自情報の取得	op=117
アップロード機能の有効状態の取得	op=118
CID の取得	op=120
アップデート情報の取得（タイムスタンプ形式）	op=121
共有メモリからのデータの取得	op=130&ADDR=0&LEN=8
共有メモリへのデータの書込み	op=131&ADDR=0&LEN=8&DATA=0123ABCD
空セクター数の取得	op=140
SD インターフェイス端子の I/O 利用	op=190&CTRL=0x1f&DATA=0x1f
フォトシェアモードの有効化	op=200&DIR=/DCIM/100__TSB&DATE=17153

機能	パラメーター
フォトシェアモードの解除	op=201
フォトシェアモードの状態の取得	op=202
フォトシェアモードの SSID の取得	op=203
FlashAir ドライブ（WebDAV）情報の取得	op=220
タイムゾーンの取得	op=221

● FlashAir の CONFIG 項目

FlashAir の CONFIG 設定のリファレンスはこちらを参照してください。

https://flashair-developers.com/ja/documents/api/config/

/SD_WLAN/CONFIG を変更することで、FlashAir の動作を制御することができます。変更した設定を反映するには、FlashAir をいったん取り外して再挿入するなどして再起動する必要があります。

このフォルダーは隠しフォルダーとなっていますので、隠しフォルダーを扱うことができるツールを使いましょう。

Vendor セクションの設定により、FlashAir 固有の動作を制御することができます。

Vendor セクション

パラメーター名	説明	例
APPAUTOTIME	接続タイムアウト時間	APPAUTOTIME=3000000
APPINFO	アプリケーション独自情報	APPINFO=0123ABCD4567EFGH
APPMODE	無線 LAN モード	APPMODE=4
APPNAME	NETBIOS, Bonjour 名称	APPNAME=myflashair
APPNETWORKKEY	ネットワークセキュリティキー	APPNETWORKKEY=12345678
APPSSID	SSID	APPSSID=flashair
BRGNETWORKKEY	インターネット同時接続用ネットワークセキュリティキー	BRGNETWORKKEY=12345678
BRGSSID	インターネット同時接続用ネットワーク SSID	BRGSSID=myhomelan
CID	カード ID	CID=02544d53573038470750002a0200c201
CIPATH	無線起動画面のパス	CIPATH=/DCIM/100__TSB/FA000001.jpg
DELCGI	CGI の無効化	DELCGI=/./thumbnail.cgi

パラメーター名	説明	例
DNSMODE	DNS 動作モード	DNSMODE=1
HTTPDBUFF	メモリサイズ	HTTPDBUFF=2920
HTTPDMODE	認証方法	HTTPDMODE=1
HTTPDPASS	Basic 認証のパスワード、Digest 認証のハッシュ値	HTTPDPASS=12345678
HTTPDUSER	Basic 認証のユーザー名	HTTPDUSER=flashair
IFMODE	SD インターフェイス端子の I/O 利用機能の有効化	IFMODE=1
LOCK	初期設定済みフラグ	LOCK=1
LUA_RUN_SCRIPT	起動時に実行する Lua スクリプトのパス	LUA_RUN_SCRIPT=/bootscript.lua
LUA_SD_EVENT	ファイル書込み時に実行する Lua スクリプトのパス	LUA_SD_EVENT=/writescript.lua
MASTERCODE	マスターコード	MASTERCODE=0123456789AB
NOISE_CANCEL	ノイズキャンセル	NOISE_CANCEL=2
PRODUCT	製品コード	PRODUCT=FlashAir
REDIRECT	HTTP リダイレクトモード	REDIRECT=0
STA_RETRY_CT	STA モードでの接続リトライ回数	STA_RETRY_CT=0
TIMEZONE	タイムゾーン	TIMEZONE=36
UPDIR	アップロード先ディレクトリの指定	UPDIR=/DCIM
UPLOAD	アップロード機能の有効化	UPLOAD=1
VENDOR	ベンダーコード	VENDOR=TOSHIBA
VERSION	ファームウェアバージョン	VERSION=F24A6W3AW1.00.03
WEBDAV	FlashAir ドライブ(WebDAV)機能の有効化	WEBDAV=0
WLANAPMODE	無線 LAN 規格	WLANAPMODE=0x03

WLANSD セクションの設定により、iSDIO 機器共通の Wireless LAN に関する動作を制御することができます。

WLANSD セクション

パラメーター名	説明	例
ID	ID	ID=SMITH'S_CARD
DHCP_Enabled	DHCP クライアントの有効化	DHCP_Enabled=YES
IP_Address	IP アドレス	IP_Address=192.168.0.10
Subnet_Mask	サブネットマスク	Subnet_Mask=255.255.255.0

パラメーター名	説明	例
Default_Gateway	デフォルトゲートウェイ	Default_Gateway=192.168.0.1
Preferred_DNS_Server	優先 DNS サーバー	Preferred_DNS_Server=192.168.0.1
Alternate_DNS_Server	代替 DNS サーバー	Alternate_DNS_Server=192.168.0.1
Proxy_Server_Enabled	プロキシサーバーの有効化	Proxy_Server_Enabled=YES
Proxy_Server_Name	プロキシサーバー	Proxy_Server_Name=yourproxy.com Proxy_Server_Name=123.123.0.1
Port_Number	プロキシサーバーのポート番号	Port_Number=8080

索引

【記号・数字】

! 47
& 47
@Override 32
^ 47
| 47
5V トレラント 163

【A】

A/D 変換 50
adb コマンド 7
ADB ドライバ 8
AND 47
Android 2
Android Studio 5, 9
Android のバージョン 5
Android のユーザー認証 18
APPMODE 133

【C】

cjson 168

【D】

Duty 61

【F】

FlashAir 106
FlashAir DIP IO ボードキット 107
FlashAir の CONFIG 項目 247
FlashAir の Web 機能 246
FlashAir の共有メモリ 159

【G】

GPIO モード 141

【H】

HTTP 通信 203

【I】

I2C 83
import 文 32
IoT .... vii, 174

iPhone 2
IP アドレス 13

【J】

Java 4
JSON 164

【L】

LED 21
Lua 119
Lua 5.2.1 基本ライブラリ 238
Lua の FlashAir 独自機能 245
Lua の算術演算子 123
Lua の比較演算子 124

【N】

NOT 47

【O】

ONU 128
OR 47

【P】

Period 61
ping 136
PWM 61

【R】

RC サーボモーター 66

【S】

SNS 174
SPI 通信 141
SSID 115
SSR 35

【T】

Twitter 174
Twitter4J 179

【U】

USB 2

索引

USB-FSIO30 .... 50, 72
USB-IO Family 制御ライブラリ 77
USB-IO2.0 .... 15, 22, 72

【W】
WebDAV 132

【X】
XOR 47

【あ】
アイ・スクエアド・シー 86
アクセスポイントモード 129
アクティビティ作成 29
アクティビティのクラス定義 32
アナログ／デジタル変換 50

【い】
イベント待ち 30
インターネット 174
インターフェイス 32
インテント 79

【え】
永久ループ 41
液晶表示 153

【お】
オームの法則 22
温度センサー 82

【か】
開発者向けオプション 11
開発用ドライバ 8
回路図記号 24
可変抵抗 54

【く】
矩形波 61

【こ】
コールバック 33

【さ】
サーキュレーター 189

サンプリングレート 51

【し】
人感センサー 191

【す】
スイッチ入力 158
スケルトン 10
ステーションモード 130
スマートフォン 2
スレーブ 87
スレッド 45

【せ】
センサー 82, 145
扇風機 39

【そ】
ソリッド・ステート・リレー 35

【た】
タクトスイッチ 37

【つ】
つぶやきフォーマット 215

【て】
抵抗 22
電圧 22
電流 22

【は】
排他的論理和 47
パッケージ名の宣言 32
パルス 61
パルス幅変調 61

【ひ】
光回線終端装置 128
光の指向性 21
ビット反転 47
否定 47
非同期クラス 186
非同期タスク 203
ヒューズ 36

【ふ】

プルアップ	19
ブレーカー	36
ブレッドボード	23
フローチャート	29
フローチャート記号	31
分圧	54

【へ】

変数の定義	32

【ま】

マスター	87
マニフェスト	79, 80

【ろ】

論理演算	47
論理積	47
論理和	47

【わ】

ワイヤレスネットワーク	115

〈著者略歴〉

小 松 博 史 （こまつ　ひろふみ）

1970年生まれ。広島県呉市出身。
さまざまなものとコンピュータを、ネットワークで簡単につなぐことができればビジネスになると感じ、起業。
2006年にKm2Net株式会社を設立し代表を務める。
近年インフラが自分の思想に追いついたことを感じており、ソフトウェアとハードウェアの知識を強みにビジネスを展開中。
さまざまな開発言語を使いこなせるが、公用語は広島弁しか使いこなせない特技をもつ。

〈主な著書〉
『簡単！USBで電子制御―たっくんとTRY！HSP言語、USB-IO、USB-An』
RBB PRESS（2007）
『かんたん！　USBで動かす電子工作』オーム社（2011）

本文イラスト：七恵

FlashAirに関するお問い合わせは、FlashAir Developerのユーザーズフォーラムをご活用ください。また、問い合わせフォームもご利用いただけます。
https://flashair-developers.com/ja/support/forum/

- 本書の内容に関する質問は、オーム社書籍編集局「（書名を明記）」係宛に、書状またはFAX（03-3293-2824）、E-mail（shoseki@ohmsha.co.jp）にてお願いします。お受けできる質問は本書で紹介した内容に限らせていただきます。なお、電話での質問にはお答えできませんので、あらかじめご了承ください。
- 万一、落丁・乱丁の場合は、送料当社負担でお取替えいたします。当社販売課宛にお送りください。
- 本書の一部の複写複製を希望される場合は、本書扉裏を参照してください。
  [JCOPY]＜（社）出版者著作権管理機構　委託出版物＞

かんたん！
スマートフォン＋FlashAir™で楽しむIoT電子工作

平成29年 3月15日　第1版第1刷発行

著　　者　小松博史
発行者　村上和夫
発行所　株式会社　オ ー ム 社
　　　　郵便番号　101-8460
　　　　東京都千代田区神田錦町3-1
　　　　電話　03(3233)0641（代表）
　　　　URL　http://www.ohmsha.co.jp/

© 小松博史 2017

組版　トップスタジオ　　印刷・製本　三美印刷
ISBN978-4-274-22034-0　Printed in Japan

電子工作 関連書籍の ご案内

モジュール化で理解する
電子工作の基本ワザ

松原 拓也 著　B5判／168頁／定価(本体2500円【税別】)

「モジュール化」というマイコンの新しい楽しみ方を提案

電子工作に必要な電子回路の基本を、MCU基板・入力基板・出力基板といったモジュールの組合せで理解する、新しい電子工作本。

ブラックボックス化された基板では回路の中身が理解できないために、新しい回路が組めないという、挫折を経験した方に特に参考になるものである。

基本編・モジュール編・モジュール合体編の3部構成で、合体編では、モジュールを組み合わせて、音楽プレーヤ、携帯ゲーム機などの作例を紹介している。

キホンからはじめるPICマイコン
―C言語をフリーのコンパイラで使う―

中尾 真治 著　B5判／240頁／定価(本体2900円【税別】)

PICマイコンのプログラムをC言語で行うための入門書

C言語によるPICマイコンのプログラミングの入門書。

C言語の素養のない初心者でも使いこなせるように、C言語の文法の基礎から解説している。PICマイコンについても、基本的な機能から周辺機能までを使うためのプログラミングの手法を紹介している。各機能については、よく使われるものをポイントを押さえて解説。コンパイラはフリーの「HI-TECH C PRO lite mode」を使用。

これならわかる！
PSoCマイコン活用術

小林 一行・鈴木 郁　共著　B5判／214頁／定価(本体2800円【税別】)

これを待っていた！ PSoCマイコンの入門書決定版！

PSoC（Programmable System-on-Chip：ピーソック）マイコンは、従来のワンチップマイコンの周辺機能（アナログ、ディジタル回路）をプログラムで自由自在に変更できるワンチップマイコンである。

本書は、PSoCの概要と特長を解説し、PSoC開発ツール PSoC Designerの使い方をていねいに解説。また、PSoCの特性を活かした、すぐに製作可能な事例を取り上げている。紙面は図表を中心に展開し、随所にPSoCを使うにあたっての素朴な疑問に答えるQ&Aをコラム的に配している。

もっと詳しい情報をお届けできます．
◎書店に商品がない場合または直接ご注文の場合も右記宛にご連絡ください．

ホームページ http://www.ohmsha.co.jp/
TEL／FAX TEL.03-3233-0643　FAX.03-3233-3440

(定価は変更される場合があります)